DAS GROSSE GARTENJAHRBUCH

Erfolgreich gärtnern Monat für Monat

Stiftung Warentest

INHALTS-
VERZEICHNIS

JAN

Im Januar ist es im Garten noch winterlich still. Jetzt ist die beste **Zeit, um zu planen**, was Sie später pflanzen und säen möchten.

WAS GIBT ES JETZT ZU TUN?

ZIERGARTEN

Frühlings-Alpenveilchen selektieren
Dahlienknollen kontrollieren
Ramblerrosen einkürzen
Einheimische Hecken frisieren
In Teichen Luftlöcher schaffen
Blattflecken
Ausmisten und aufräumen

NUTZGARTEN

Schnee vom Gewächshaus abfegen
Vorbereitungen treffen
Kräuter und Gemüse säen
Überwinterungspflege

GEWÄCHSHAUS

Kahle Erde mulchen
Saatgut bestellen
Gehwege freimachen
Rote Bete ernten
Organischen Dünger ausbringen
Gelagertes Gemüse überprüfen

PROJEKT DES MONATS

Geräte für die Bodenbearbeitung prüfen

EIN RUHIGER START INS GARTENJAHR

Nach den geselligen Feiertagen genießen wir die Stille im Garten vielleicht besonders. Lassen Sie sich von den dunklen, kalten Tagen nicht entmutigen – sie sind ein wichtiger Teil im natürlichen Jahresrhythmus. Jeder Tag bringt den Frühling näher, und schon bald werden die ersten Schneeglöckchen ihre Köpfchen aus dem Boden recken.

Klein, aber oho: Schneeglöckchen

Die roten Zweige des Hartriegels leuchten vor dem Laub der Immergrünen.

Der Oleander im Gewächshaus braucht jetzt nur wenig Pflege.

Still ruht der Gartenteich. Leben darin Fische, brauchen sie eisfreie Stellen für den Gasaustausch.

Während draußen Frost und Schnee die Pflanzenwelt in einen Winterschlaf hüllen, beginnt für uns Gärtnerinnen und Gärtner jetzt die anregende Planungszeit für die neue Gartensaison. Es ist die Zeit, um drinnen bei einer heißen Tasse Tee neue Pflanzungen zu überlegen und von künftiger Blütenpracht und gesunden Ernten zu träumen.

Auch wenn sich im Ziergarten im Januar scheinbar nichts regt, setzen immergrüne Gehölze wie Buchsbaum, Eibe, Kirschlorbeer und Rhododendron grüne Tupfer in die weiße Winterlandschaft. Ins Auge fallen jetzt Gehölze mit einer besonderen Rindenstruktur – der rote Hartriegel leuchtet zum Beispiel wie Feuer im Schnee. An frostfreien Tagen können Sie beherzt zur Schere greifen und Rosen und Ziersträucher in Form bringen.

Falls Sie einen Gartenteich besitzen: Fische ruhen jetzt in den tieferen Schichten und benötigen zwar kein Futter, aber etwas Sauerstoff im Wasser. Ein schwimmender Ball oder ein Teichheizer sorgen für eine kleine eisfreie Stelle.

Im Nutzgarten zeigen sich die winterharten Vertreter von ihrer robusten Seite. Rosmarin, Thymian und Salbei trotzen der Kälte und können auch jetzt noch geerntet werden.

Ihr Gewächshaus ist nun der Aktivitätsschwerpunkt des Gartens. Hier können Sie bereits Ende Januar mit den ersten Aussaaten beginnen. Kopfsalat, Radieschen und Kresse gedeihen auch bei niedrigen Temperaturen und bringen frisches Grün auf den Wintertisch. Viele mediterrane Pflanzen wie Oleander oder Zitrusbäume befinden sich jetzt in der Ruhephase und benötigen nur minimale Pflege.

Auch im Januar ist Ihr Garten voller Leben! Vögel sind jetzt besonders dankbar für Ihre Unterstützung. Eine regelmäßige Fütterung mit hochwertigem Vogelfutter lockt Meisen, Finken, Rotkehlchen und sogar den prächtigen Buntspecht an. Vergessen Sie nicht, eine Wasserstelle oder Tränke anzubieten – bei Frost ist offenes Wasser oft schwerer zu finden als Futter.

Eichhörnchen sind aktiv und auf der Suche nach ihren vergrabenen Wintervorräten. Mit Haselnüssen oder Walnüssen können Sie den pelzigen Kletterkünstlern helfen. Igel hingegen schlafen tief und fest in ihren Winterquartieren – lassen Sie Laubhaufen und Reisighaufen ungestört liegen, falls Sie welche in Ihrem Garten haben.

SONNIGE STUNDEN NUTZEN!

Eine frische Schneedecke dämpft wie Watte alle Geräusche, und die tief stehende Sonne schafft eine **andächtige Atmosphäre** im Garten.

ZIERGARTEN

FRÜHLINGS-ALPENVEILCHEN SELEKTIEREN

Die bezaubernden Frühlingsboten (bot. Cyclamen coum) erfreuen uns mit weißen, pinken bis roten Blüten. Sie breiten sich an ihren bevorzugten Standorten im Halbschatten schnell zu größeren Gruppen aus. Dafür sorgen in den kommenden Monaten in erster Linie Ameisen, die die reifen Samen verbreiten. Wenn die ersten Blüten Ende Januar bis Anfang Februar erscheinen, können Sie kräftige Exemplare mit besonders attraktiven Blüten vorsichtig ausgraben und dort einsetzen, wo sie besser zur Geltung kommen.

DAHLIENKNOLLEN KONTROLLIEREN

Kühl, frostfrei und dunkel sollen die Dahlienknollen im Winter lagern, ideal ist ein Keller. Bewährt haben sich luftige Kunststoffkisten, die nur mit einem Vlies abgedeckt werden. In unbeheizten Räumen hilft eine Elektroheizung, wenn Frostgefahr besteht.
Am besten, man schaut all zwei bis drei Wochen nach seinen Dahlien. Auch bei guten Lagerbedingungen können sich faulende Stellen an den Knollen bilden, die mit der Zeit größer werden und weitere Knollen infizieren können. Faulige Stellen großzügig herausschneiden.

IN LETZTER MINUTE

Orientalische Nieswurz oder **Lenzrose:** Wenn Sie im letzten Monat keine Gelegenheit hatten, die Blätter von Helleborus orientalis bis zum Boden zurückzuschneiden, tun Sie es jetzt, damit Sie einen freien Blick auf die Blüten haben. Seien Sie vorsichtig, dass Sie diese nicht versehentlich abschneiden, denn sie werden sich gerade entwickeln.

RAMBLERROSEN EINKÜRZEN

Ramblerrosen blühen an den langen, verzweigten Trieben, die sie im letzten Jahr gebildet haben. Wenn Vögel die Hagebutten gefressen haben, schneiden Sie alle verblühten Stiele ab. Achten Sie darauf, dornenfeste Handschuhe und einen Augenschutz zu tragen, denn die Stiele können Ihnen nur allzu leicht ins Gesicht peitschen.

NICHT AUF GEFRORENEN RASEN TRETEN

Das Betreten von verschneitem oder gefrorenem Rasen kann die Gräser brechen und langfristig beschädigen. Versuchen Sie daher, nicht über die Rasenflächen zu gehen, bis das erste Tauwetter einsetzt und die brüchigen Halme wieder geschmeidig werden.

EINHEIMISCHE HECKEN FRISIEREN

Sie sind nützliche Nahrungsquellen für Wildtiere, also schneiden Sie sie nicht übereilt zurück. Auf den Boden unter der Hecke legen Sie am besten Folie, Vlies oder Decken aus, damit Sie das Schnittgut nicht mühselig aus den Beeten klauben müssen.
Dickere Äste können Sie an frostfreien Tagen mit einer scharfen Astschere abschneiden und die Konturen anschließend mit einer Heckenschere in Form bringen.
Je nach Länge der Hecke kann es sinnvoll sein, durch eine straff gespannte Schnur Orientierung für die gewünschte Schnittführung vorzugeben. Man strebt generell einen trapezförmigen Querschnitt an, also nach oben hin etwas schmaler, nach unten hin etwas breiter. So bekommt die ganze Heckenfläche Sonne ab und wird schön dicht.

IN TEICHEN LUFTLÖCHER SCHAFFEN

Wenn in Ihrem Teich Fische leben und die Oberfläche mit Eis bedeckt ist, tauen Sie ein Loch auf, damit Luft ins Wasser gelangen kann. Das Eis einfach gewaltsam einzuschlagen, würde die Fische in der Winterruhe stören. Am einfachsten ist es, ein Loch zu schmelzen, indem Sie einen Topf mit kochendem Wasser auf die Oberfläche stellen. Behalten Sie ihn dabei in der Hand, damit er nicht am Ende im Teich versinkt …

WICHTIG!

BLATTFLECKEN

Achten Sie auf schwarze oder braune Flecken auf den Blättern vor allem von immergrünen Pflanzen. Befallenes Laub abschneiden und mit dem Hausmüll entsorgen, nicht auf den Kompost geben.

AUSMISTEN UND AUFRÄUMEN

Nutzen Sie die arbeitsarmen Tage, um den Schuppen und die Garage aufzuräumen. Allerlei Gerümpel und Reste, die sich im Vorjahr angesammelt haben, werden weggeworfen oder entsorgt. Werkzeug und Geräte sollten Sie jetzt reinigen und ölen, Messer und Scheren schärfen (lassen). „Verschwundene" oder beschädigte Geräte ersetzen Sie nun. Anzuchttöpfe und Aussaatschalen werden ausgebürstet und bei Bedarf mit kochendem Wasser gewaschen.

VORBEREITUNGEN!

Im Nutzgarten ist es still. **Einige Gemüsesorten** können Sie trotzdem jetzt noch frisch ernten. Ansonsten bereiten Sie die Beete für die kommende Saison vor.

NUTZGARTEN

KAHLE ERDE MULCHEN

Sie brauchen nicht zu warten, bis die noch bewirtschafteten Gemüsebeete leer sind, denn Sie können auch zwischen den einzelnen Pflanzen, zum Beispiel Rosenkohl, mulchen. Entfernen Sie das Unkraut und tragen Sie dann den Mulch etwa drei Zentimeter dick auf. Anschließend leicht einharken, um die Zersetzung zu fördern.

SAATGUT BESTELLEN

Sichten Sie Ihre Saatgutvorräte aus dem Vorjahr und prüfen Sie die Haltbarkeit. Erstellen Sie für die neue Saison eine Planung für Ihre Beete. Denken Sie dabei auch an Fruchtfolgen und Mischkulturen für die Beetflächen. Bestellen Sie rechtzeitig die benötigten Samen. Bei seltenen Sorten kann das entscheidend sein, weil diese oft schnell ausverkauft sind.

GEHWEGE FREIMACHEN

Räumen Sie nur auf den Wegen, die Sie benutzen müssen, den Schnee mit einer Schaufel weg und streuen Sie etwas Sand oder Splitt auf rutschige Stellen. Wenn Sie Äste geschreddert haben, können Sie die Wege auch mit einer drei Zentimeter dicken Schicht aus Holzspänen bedecken.

5-MINUTEN-PROJEKTE

GEHÖLZE VON SCHNEELAST BEFREIEN

Hat es über Nacht kräftig geschneit, und tagsüber taut es wieder? Schütteln Sie jetzt mit einem Stock oder Rechen insbesondere nassen Schnee vorsichtig von den Ästen immergrüner Pflanzen, um Bruchschäden zu vermeiden.

OBSTBÄUME BEGUTACHTEN

Suchen Sie bisher übersehene oder noch verbliebene verschrumpelte Fruchtmumien an den Bäumen und kranke beziehungsweise abgestorbene Äste – entfernen Sie diese sofort zur Krankheitsvorbeugung.

WINTERGEMÜSE ERNTEN

Wenn Sie die Pflanzen im letzten Frühsommer gesät haben, können Sie jetzt noch Rosenkohl, Grünkohl oder Lauch ernten – die Kälte macht sie sogar besonders schmackhaft.

REGENABFLUSS DES GEWÄCHSHAUSES REINIGEN

In Zeiten zunehmender Starkregenereignisse wichtig: Entfernen Sie nasses und verrottendes Herbstlaub aus der Regenrinne, damit die Abflüsse frei bleiben. Überprüfen Sie dabei gleich auch die Fallrohre mit einer Ladung Wasser aus der Gießkanne.

ROTE BETE ERNTEN

Rote Bete ist im Allgemeinen widerstandsfähig, kann jedoch bei frostigen Temperaturen unter -4 Grad Celsius Schaden nehmen. Wenn kaltes Wetter vorhergesagt wird, sollten Sie die Wurzeln ausgraben und in Kisten an einem kühlen, trockenen Ort, zum Beispiel in einer Garage, aufbewahren.

ORGANISCHEN DÜNGER AUSBRINGEN

Anders als bei mineralischen Düngern müssen organische Düngemittel erst von Mikroorganismen im Boden zersetzt und aufgeschlossen werden. Daher können Sie jetzt schon langsamer wirkende Dünger wie Kompost, Rinderdung, Hornspäne, Rizinusschrot oder Knochenmehl ausbringen. Wegen der niedrigen Temperaturen werden die Nährstoffe nur langsam aufgeschlossen. Im Wurzelbereich ausstreuen und leicht einharken. Wenn der Boden noch durchgefroren oder unter einer Schneedecke verborgen ist, warten Sie besser noch bis zu einer Tauwetterphase ab.

NACHHALTIGE BEETPFLEGE!

PFLANZENSCHUTZ

Wühlmäuse sind im Winter aktiv und können an den Wurzeln von Obstbäumen sowie im Gemüsebeet großen Schaden anrichten, was sich meist erst im Frühling bemerkbar macht. Kontrollieren Sie vor allem die Mulchabdeckungen auf den Beeten, ob sich darunter Eingangslöcher zu ihren Gängen befinden. Scheitern Vertreibungsversuche und das Zuschütten der Gänge, können Sie Lebendfallen aufstellen.

WICHTIG!

GELAGERTES GEMÜSE ÜBERPRÜFEN

Kontrollieren Sie regelmäßig alle eingelagerten Gemüsesorten. Achten Sie auf ausreichende Luftfeuchtigkeit und kühle Temperaturen zwischen zwei und acht Grad. Zu trockene Luft lässt das Gemüse schrumpfen, zu feuchte Bedingungen fördern Fäulnis. Entfernen Sie jetzt alles, was Anzeichen von Fäulnis aufweist.

Auch im Gewächshaus stehen die **Pflege** der überwinternden Pflanzen und die **Vorbereitungen** für die kommende Saison im Vordergrund.

GEWÄCHSHAUS

SCHNEE VOM GEWÄCHSHAUS ABFEGEN

Schnee ist erstaunlich schwer und kann die Dachplatten zerbrechen. Außerdem reduziert er deutlich die Lichtmenge, die in der ohnehin schon dunklen Jahreszeit zu den Pflanzen im Inneren gelangen kann. Benutzen Sie einen Besen, um den Schnee abzubürsten, bevor er Schaden anrichten kann.

ES WERDE LICHT!

VORBEREITUNGEN TREFFEN

Was wollen Sie genauso machen wie im letzten Jahr und was eventuell anders? Sortieren Sie vorhandenes Saatgut. Haben Sie genügend Anzuchterde, Schalen und Töpfe für die Saison? Erstellen Sie eine Einkaufsliste.

KRÄUTER UND GEMÜSE SÄEN

Einjährige Gartenkresse, mehrjährige Winterkresse, Feldsalat, Rettich, Spinat, Weißkohl und Winterportulak können Sie jetzt in Anzuchtschalen im Gewächshaus ansäen.

ÜBERWINTERUNGSPFLEGE

Entfernen Sie bei überwinternden Topfpflanzen verfaulte oder vertrocknete Teile und kontrollieren Sie die Pflanzen auf Schädlingsbefall. Viele mediterrane Pflanzen wie Oleander oder Zitrusbäume sind jetzt in der Ruhephase und benötigen nur minimale Pflege und wenig Wasser.

PROJEKT DES MONATS

GERÄTE FÜR DIE BODEN-BEARBEITUNG PRÜFEN

Der gute Einstieg ins neue Gartenjahr gelingt, wenn die Werkzeuge für die Bodenbearbeitung schnell zur Hand, also übersichtlich platziert, intakt und die Klingen frisch geschärft sind. Was nimmt man für welche Arbeiten?

1. **SPATEN** mit D- und T-Griff und Trittstegen: zum Ausheben von Pflanzgruben, Umgraben, Umschichten von Kompost und Erde, Abstechen von Pflanzenteilen und Rasenkanten
2. **SCHAUFEL** mit breitem Blatt und langem Stiel: zum Verteilen und Umsetzen von Erde, Kompost oder Sand, Auffüllen von Pflanzgruben
3. **GRABE- ODER SPATENGABEL** mit vier breiten, kräftigen Zinken: nicht wendende, tiefe Bodenlockerung, Umgraben schwerer Böden, Umschichten von Kompost, Ernte von Wurzelgemüse
4. **MIST-, KOMPOSTGABEL** mit langen, leicht gebogenen Zinken: zum Umsetzen von Kompost, Aufnehmen und Verteilen von Laub und anderem groben Mulchmaterial
5. **RECHEN, HARKEN** (am besten zwei oder mehr mit verschiedenen Breiten und Stiellängen): zum Einebnen des Bodens, Herrichten von Saatbeeten, Einarbeiten von Kompost und Dünger

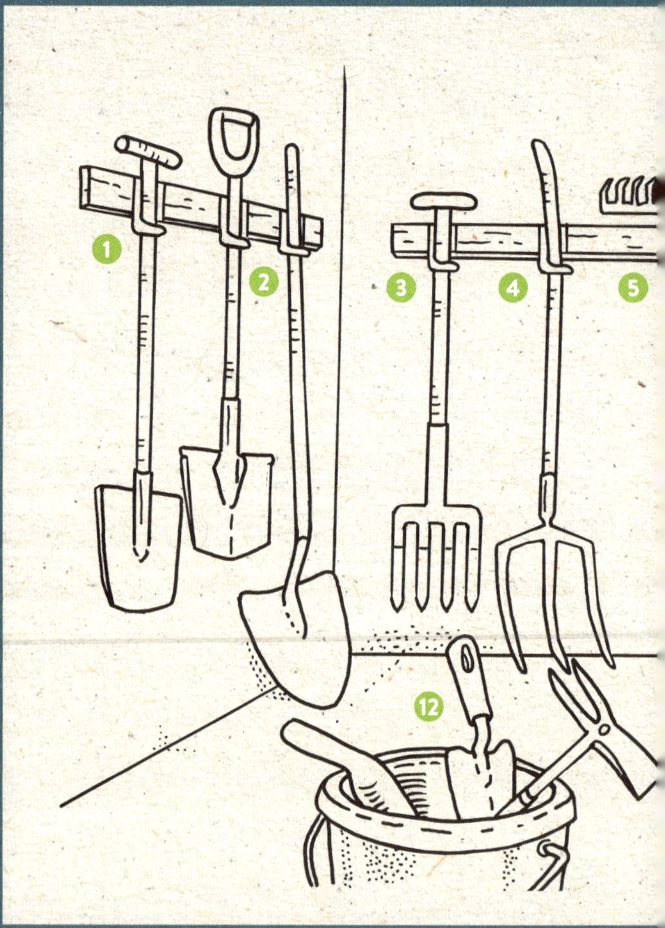

6 **GARTENWIESEL, ROLLKULTIVATOR, STERNFRÄSE** mit rotierenden Metallsternen: Zum Lockern und Zerkrümeln der Bodenoberfläche, zur Unkrautentfernung

7 **KRAIL** mit vier langen, kräftigen, rechtwinklig gebogenen Zinken: zum Zerkleinern von Erdschollen, Kompost-Einarbeiten, Entfernen von Unkrautwurzeln, zur Bodenlockerung

8 **SCHLAGHACKE** mit breitem, kräftigem Blatt: zum Zerkleinern von Schollen, Aufbrechen harter Oberflächen, Entfernen starker Verunkrautung; für „stoßende" Arbeitsweise im Vorwärtsgang

9 **BÜGELHACKE** mit kurzem, breitem Blatt an zwei Bügeln: zum Lockern der Oberfläche, zur Unkrautentfernung; für „ziehende" Arbeitsweise im Rückwärtsgang

10 **GRUBBER ODER KULTIVATOR** mit drei bis vier gekrümmten Zinken, beim Kultivator mit verbreiterten Scharen an den Spitzen: zum Lockern der Oberfläche, Entfernen von Unkraut, Einarbeiten von Kompost; kann auch die Bügelhacke ersetzen

11 **SAUZAHN** mit großem, kräftigem, gebogenem Zinken und zur Schar verbreiterter Spitze: für tiefe, nicht wendende Bodenlockerung, zum Entfernen hartnäckiger Unkräuter

12 **KURZSTIELIGE HAND- ODER KLEINGERÄTE**, zum Beispiel Grubber, Kultivator oder Hacke: für gezieltes Arbeiten auf engem Raum, zwischen Reihen und empfindlichen Jungpflanzen

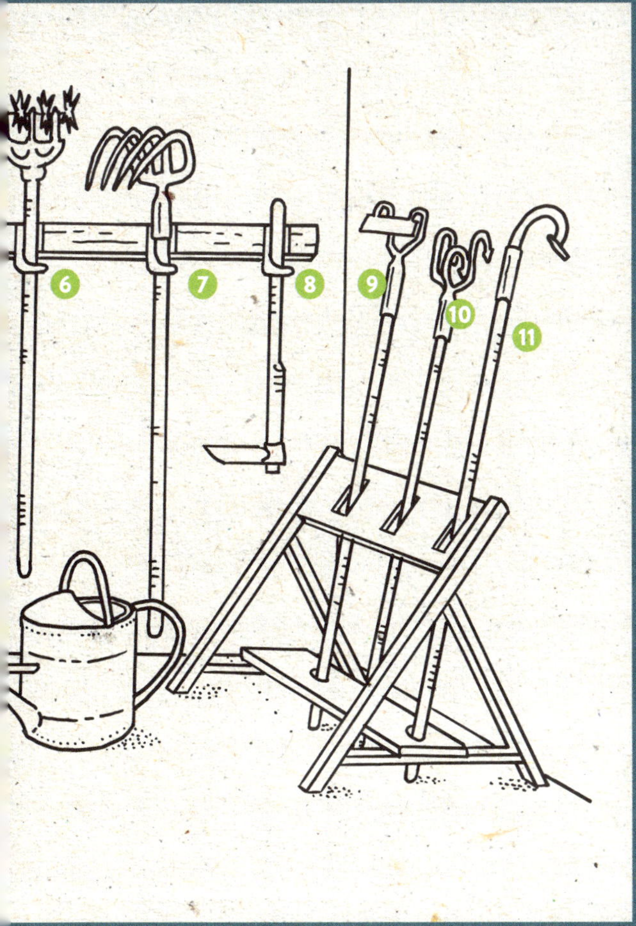

WEITERE SINNVOLLE GERÄTE, JE NACH BEDARF

GARTENKRALLE mit krallenartig angeordneten Zinken, oben mit breitem Quergriff: bei leichten bis mäßig schweren Böden für die tiefe, nicht wendende Bodenlockerung durch Drehbewegungen sowie zum Entfernen hartnäckiger Unkräuter

SCHUFFEL, eine Hacke mit schmal rechteckigem, rundum scharfem Blatt: für ziehende und stoßende Arbeitsweise, zum Beispiel zur Unkrautentfernung

DOPPELHACKE mit schmalen Blatt auf der einen, Zinken auf der anderen Seite: für den flexiblen Einsatz als Hacke oder Grubber

Auf Maschinen zur Bodenbearbeitung kann man in der Regel verzichten. Oder Sie leihen diese für bestimmte Arbeiten kurz aus.

Die Tage werden jetzt spürbar länger, und auch wenn es noch strenge **Frosttage** geben kann, entdeckt man im Garten erste Zeichen **erwachenden Lebens**.

FEB

WAS GIBT ES JETZT ZU TUN?

ZIERGARTEN

Zäune und Spaliere reparieren
Unkraut entfernen
Komposthaufen wenden
Beete mulchen
Rindenschutz für Gehölze
Lilienzwiebeln setzen
Gehölze zurückschneiden
Frostschutz entfernen
Immergrüne gießen
Stauden schneiden
Clematis schneiden
Rosen in Form bringen
Hecken „auf den Stock setzen"
Nistkästen aufhängen
Weiden schneiden

NUTZGARTEN

Saatgut und Stecklinge bestellen
Obstbäume düngen
Gemüsebeete vorbereiten
Kartoffeln ankeimen
Schwarze Johannisbeeren beschneiden
Obstbäume pflegen
Kahlen Boden abdecken
Rhabarber vortreiben
Stachelbeeren beschneiden

GEWÄCHSHAUS

Die Aussaaten vorbereiten
Gewächshausglas reinigen
Start der Gemüsesaison
Ackerbohnen säen
Topferde auffrischen
Winterhartes Gemüse aussäen
Chilis und andere empfindliche Gemüse

PROJEKT DES MONATS

Steckhölzer schneiden

ERSTE FRÜHLINGSBOTEN UND NEUES LEBEN

Auch wenn Frost und Schnee noch das Gartenbild beherrschen, spüren wir bereits, wie die Tage länger werden und die Sonne mehr Kraft bekommt. Die Natur beginnt, zaghaft zu erwachen, und wir können endlich wieder aktiver werden. Die ersten Blüten sind wie kleine Wunder – lassen Sie sich von ihrer Schönheit inspirieren für die kommende Gartensaison!

Blaumeisen überwintern in Deutschland und sind oft an Futterstellen zu beobachten.

Frühe Aussaaten brauchen noch etwas Schutz als Starthilfe.

Im Ziergarten kämpfen sich die ersten Schneeglöckchen durch die noch gefrorene Erde. Winterlinge folgen mit leuchtend gelben Blüten, und Krokusse öffnen ihre bunten Kelche in der Februarsonne. Stauden wie Christrosen und winterharte Primeln trotzen der Kälte und schenken uns Farbtupfer im sonst noch kahlen Garten.

Der Rasen erwacht langsam aus dem Winterschlaf. Sobald der Boden nicht mehr gefroren ist, können Sie mit der ersten Pflege beginnen. Am Gartenteich können Sie vorsichtig einen Teil des abgestorbenen Pflanzenmaterials entfernen, aber lassen Sie den Großteil bis März dort – es bietet noch Schutz für überwinternde Tiere. Frösche und Kröten beginnen mit ihren Wanderungen zu den Laichgewässern. Vielleicht hören Sie schon die ersten Froschkonzerte.

Im Nutzgarten erwachen die Bodenlebewesen jetzt und beginnen mit ihrer Zersetzungsarbeit. Bereiten Sie die Beete vor, indem Sie groben Kompost einarbeiten. Der Februar ist auch die richtige Zeit für den Obstbaumschnitt. Entfernen Sie kranke, beschädigte und sich kreuzende Äste. Bei den Beerensträuchern werden nun Johannisbeeren, Stachelbeeren und Himbeeren ausgelichtet und verjüngt.

Das (beheizbare) Gewächshaus wird zum Zentrum unserer gärtnerischen Aktivitäten. Tomaten, Paprika und Auberginen können bei entsprechender Heizung bereits gesät werden. Auch Sommerblumen wie Begonien, Geranien und Impatiens freuen sich über einen frühen Start im warmen Gewächshaus. Bei überwinterten Kübelpflanzen erhöhen Sie langsam die Wassergaben und starten mit einer schwachen Düngung.

Die ersten Singvögel beginnen mit ihren Balzgesängen; Amseln, Rotkehlchen und Zaunkönige lassen bereits ihre werbenden Melodien erklingen. Auch die ersten Paarungsrituale können wir beobachten. Machen Sie Ihre Nistkästen wieder attraktiv und hygienisch. Kontrollieren Sie diese auch auf Beschädigungen und bessern sie bei Bedarf aus.

Igel erwachen langsam aus dem Winterschlaf, besonders an milden Tagen. Lassen Sie Laubhaufen und natürliche Verstecke weiterhin liegen. Insekten wie Hummeln und Wildbienen werden an sonnigen Tagen aktiv und suchen intensiv nach Nahrung – umso wichtiger sind Ihre frühen Nektar- und Pollenspender!

Die kahle Krone erleichtert die Kontrolle beim Obstbaumschnitt.

STUTZEN UND PUTZEN!

Es ist an der Zeit, die stehen gebliebenen trockenen Reste des Vorjahrs abzuräumen und Platz zu machen **für das neue Grün** des Frühlings.

ZIERGARTEN

ZÄUNE UND SPALIERE REPARIEREN

Bevor ruhende Kletterpflanzen zu neuem Leben erwachen, kontrollieren Sie jetzt Zäune, Spaliere und Rankgerüste auf Schäden, lockere Verbindungsstellen und morsche Latten. Eine Reparatur ist viel einfacher auszuführen, wenn noch keine störenden Blätter vorhanden sind.

UNKRAUT ENTFERNEN

Beginnen Sie damit, die Beete von Unkraut zu befreien. Wenn Sie die Gewächse erwischen, solange sie noch jung sind, haben sie später im Jahr keine Chance, sich auszusäen. Mehrjährige Unkräuter wie Giersch, Löwenzahn, Quecken und Schafgarbe müssen mitsamt der Wurzel entfernt werden, damit sie nicht neu austreiben und nachwachsen.

KOMPOSTHAUFEN WENDEN

Heben Sie den Inhalt Ihres Komposthaufens aus und geben Sie alles wieder hinein, wobei Sie das Material vorsichtig auflockern. Schichten Sie dabei das Material von außen nach innen um. Dadurch wird der Zersetzungsprozess beschleunigt, und Sie erhalten früher gut verrotteten Kompost.

BEETE MULCHEN

Den selbst hergestellten Kompost können Sie dann gleich verwenden, um die Pflanzen in Ihren Beeten damit oder mit gut verrottetem Stallmist zu versorgen. Das sieht nicht nur schön aus, sondern zersetzt sich auch nach und nach und verbessert so den Boden, fungiert als Dünger, unterdrückt Unkraut und bewahrt die Feuchtigkeit.

RINDENSCHUTZ FÜR GEHÖLZE

Die Wetterlage im Vorfrühling – Sonnenschein bei tiefen Allgemeintemperaturen – ist für ältere Bäume und Büsche oft ein Problem: Gewebespannungen aufgrund der großen Temperaturunterschiede können zu Frostrissen führen, eine beliebte Eintrittsstelle für Schädlinge! Um diese Risse zu vermeiden, können Sie die Stämme mit einem Kalkanstrich weißen oder sie mit Matten umwickeln. Bereits entstandene Frostrisse behandeln Sie hingegen mit einem Wundverschlussmittel.

LILIENZWIEBELN SETZEN

Es ist jetzt noch möglich, die Zwiebeln von Lilien, die im Sommer prächtig blühen, in den Garten zu pflanzen. Das Erdloch für die Blumenzwiebeln sollte tief genug sein, sodass diese etwa 15 bis 20 Zentimeter unter der Erde liegen. Ein auch bis in den April oder Mai noch möglicher (Nacht-)Frost macht ihnen dann nichts aus.

GEHÖLZE ZURÜCKSCHNEIDEN

Im Februar sollten Sie auch alle weiteren Hecken, Bäume und Sträucher zurückschneiden. Diese befinden sich noch in der Ruhephase und sind kahl – so lässt sich gut beurteilen, ob sie einen Schnitt benötigen. Vor allem sommerblühende Sträucher wie Schmetterlingsflieder (bot. Buddleja davidii) und Bartblumen (Gatt. Caryopteris) werden jetzt kräftig gestutzt. Je später der Rückschnitt, desto später blüht der Strauch. Gekürzt wird knapp über einer Knospe oder bei größeren Schnitten über einer Abzweigung. So kann sich das Wundgewebe gut entwickeln.

FROSTSCHUTZ ENTFERNEN

Werden die Tage zunehmend milder, kann der dicke Winterschutz (Vlies-, Kokosmatten) über gemischten Blumenbeeten wieder ausgedünnt werden. Sobald keine Kahlfröste mehr drohen, können Sie auch das alte Herbstlaub, das über den Winter noch als isolierende Schutzschicht diente, von unempfindlichen Pflanzen und frostharten Zwiebelblumen entfernen, um Probleme beim Austrieb von Krokussen (Gatt. Crocus) oder Winterlingen (bot. Eranthis hyemalis) zu vermeiden. Von Kahlfrost sprechen Gärtner, wenn es Frost in Erdbodennähe gibt, der nicht mehr durch eine dämmende Schneedecke abgemildert wird und deshalb besonders die oberste Bodenschicht und Pflanzen schädigen kann.

WETTERPROGNOSE BEACHTEN!

IN LETZTER MINUTE

Gartengeräte vorbereiten: Falls Sie Ihre Werkzeuge noch nicht vor den Wintermonaten instand gesetzt haben, können Sie dies jetzt nachholen. Reinigen und pflegen Sie das Werkzeug, damit Sie zum Start der Gartensaison bereit sind. Garten- und Astscheren sind nur dann effektiv, wenn ihre Klingen scharf sind. Bei Bypass-Modellen schärfen Sie nur die schräge Kante der oberen Klinge. Bei einer Amboss-Gartenschere drückt die scharfe Klinge auf einen flachen Amboss. Reinigen Sie die Klingen mit Stahlwolle und behandeln Sie die beweglichen Teile mit einem Schmierspray.

IMMERGRÜNE GIEßEN

Die immergrünen Pflanzen des Ziergartens – dazu gehören zum Beispiel Thujen, Kirschlorbeer und Buchs – brauchen auch im Vorfrühling ausreichend Wasser. Hier besteht die Gefahr, dass sie bei gefrorenem Boden verdursten. Deswegen sollten Sie diese Pflanzen an frostfreien Tagen gelegentlich gießen.

STAUDEN SCHNEIDEN

Schneiden Sie alte Stängel bis zum Boden ab und achten Sie dabei darauf, die entstehenden Knospen nicht zu beschädigen. Ziergräser können Sie auf 10 bis 20 Zentimeter über dem Boden zurückschneiden. Trockene, beige-braune Laubgräser wie Miscanthus sehen mit einheitlichem Frühlingsaustrieb viel besser aus. Schneiden Sie alle Stängel bündig mit dem Boden ab, auch grüne Triebe, die im Herbst entstanden sind. Immergrüne Gräser wie Stipa und Festuca müssen nicht zurückgeschnitten werden, können aber durch vorsichtiges Durchziehen des Horstes in Ordnung gebracht werden. Tragen Sie dabei wegen der scharfen Blattränder unbedingt Handschuhe. Überwinternde Geranien sollten an den Ranken bis auf vier Knospen gekürzt werden. Hortensien können jetzt ebenfalls geschnitten werden. Achten Sie hier jedoch auf die Sorte – einige werden nur im Herbst gestutzt!

CLEMATIS SCHNEIDEN

Großblütige Clematissorten (auch: Waldreben) wie ‚Nelly Moser', ‚Barbara Jackman', ‚Bees Jubilee' und ‚The President' blühen von Mai bis Juni an kurzen Trieben des Vorjahrs. Manche blühen im Spätsommer noch mal an neuen Trieben. Jetzt ist es an der Zeit, den dürren Wuchs zu entfernen und die verbleibenden Triebe auf eine kräftige Knospe zu stutzen. Die Gruppe mit C. viticella und ihren Sorten blüht im Spätsommer und Herbst. Schneiden Sie alle Triebe auf 30 bis 45 Zentimeter über dem Boden bis auf eine starke Knospe zurück. Sie werden diesen Sommer an Trieben blühen, die früher im Jahr entstanden sind. Der dann folgende Neuaustrieb kann an der Stütze befestigt werden.

PFLANZENSCHUTZ

Mäuse können in den kälteren Monaten ein Problem darstellen, da sie auf Nahrungssuche sind. Saatgutpäckchen und gelagertes Gemüse sind besonders gefährdet. Verwenden Sie luftdichte Behälter, und stellen Sie bei Bedarf Lebendfallen auf. Auch **Tauben** suchen zu dieser Jahreszeit oft im Garten nach Nahrung. Wenn Sie nicht möchten, dass Ihr Kohlgemüse zerfetzt wird, decken Sie es mit einem Netz ab. Stellen Sie sicher, dass sich keine anderen Tiere darin verfangen können. Bringen Sie Schutzgitter an jungen Bäumen an, denn auch **Kaninchen und Rehe** können auf Suche nach Essbarem Ihre Pflanzen beschädigen.

ROSEN IN FORM BRINGEN

Rosen schneidet man traditionell, wenn die Forsythien blühen. Die Rosen treiben seit ein paar Jahren aber oft schon früher aus, deswegen schneidet man sie heute besser, kurz bevor die Forsythien aufblühen. Gartenrosen stammen meist aus den Gruppen der Teehybriden – auch Edelrosen genannt – oder der Floribunda. Sie unterscheiden sich in Wuchsform, Blütenform und Blütezeit.

Teehybriden haben einzeln stehende Blüten mit spitzen Knospen. Floribundarosen tragen zahlreiche Blüten in großen Büscheln. Beide Gruppen können auf ähnliche Weise beschnitten werden. Entfernen Sie zunächst abgestorbene, kranke und schwache Triebe und sich kreuzende Stängel, die aneinanderreiben. Die verbleibenden Stängel schneiden Sie auf etwa vier bis sechs Knospen über dem Boden ab (sechs bis acht Knospen bei Floribundas).

Kürzen Sie die Triebe knapp über einem nach außen stehenden Auge ein. Gehen Sie mit der Schere relativ nah an den Ansatz des jeweiligen Zweiges ran. Aber lassen Sie einen bis zwei Zentimeter stehen, damit der Ast Reserven hat, falls ein später Frost die sich entwickelnden Knospen schädigt.

HECKEN „AUF DEN STOCK SETZEN“

In Wohngebieten sind nach dem 28. Februar etwaige Baumfällungen und radikale Rückschnitte aus Tierschutzgründen verboten! Leichte Form- und Pflegeschnitte sind allerdings weiterhin im Frühjahr und Sommer erlaubt. Deshalb jetzt im Februar überlegen, was nötig ist. Um löchrig gewordene Hecken zu retten, bleibt als letzte Option oft nur, schüttere Laubholzhecken radikal bis ins alte Holz zurückzuschneiden. Als Faustregel gilt: zwei Drittel in Höhe wie Breite abschneiden.

NISTKÄSTEN AUFHÄNGEN

Vorhandene Nistkästen sollten Sie nun reinigen und bei Bedarf durch neue ersetzen. Wenn Sie mehrere Kästen im Garten aufhängen, erhöht das die Chance, dass mindestens einer bezogen wird. Das Einflugloch sollte nach Osten/Südosten ausgerichtet und der Kasten so aufgehängt sein, dass er von Katzen und Mardern nicht erreicht werden kann.

WEIDEN SCHNEIDEN

Die Harlekinweide (bot. Salix integra ‚Hakuro-Nishiki‘) ist vor allem wegen ihrer glamourösen Blattfärbung beliebt. Weiden schneidet man am besten im Februar, bevor sie anfangen auszutreiben, also bevor der Pflanzensaft wieder nach oben fließt. Obwohl Weiden recht robust sind und gut austreiben, sollte es frostfrei sein, damit das gefrorene Holz nicht splittert. Beim Schnitt darf man recht radikal vorgehen. Die Vorjahrestriebe werden fast bis zum Ansatz über einem Auge, also einer potenziellen Austriebstelle, zurückgeschnitten. Auf diese Art und Weise bilden sich mit den Jahren richtig schöne knorrige Weidenköpfe. Bei der Harlekinweide wachsen die jungen Austriebe dann sehr frisch und in einem leuchtend weißlich/rosa Farbton nach.

FRISCHER BLATTSCHMUCK!

Sieht komisch aus, dient aber dem **Vortreiben von Rhabarberpflanzen** in der Dunkelheit. Warum man das nicht übertreiben darf, beschreiben wir auf Seite 33.

NUTZGARTEN

SAATGUT UND STECKLINGE BESTELLEN

Jetzt im Winter können Sie ganz entspannt Saatgutkataloge durchblättern oder online recherchieren. So beginnen Sie, den Gemüsegarten für die kommende Saison zu planen. Stecklinge können die bevorzugte Wahl sein, wenn Sie nur ein paar Exemplare einer Sorte haben möchten. Bevor Sie Ihre Bestellung aufgeben, sehen Sie sich an, was Sie bereits haben, und ersetzen Sie kurzlebige Samen wie Pastinaken und Frühlingszwiebeln.

OBSTBÄUME DÜNGEN

Um die Obstbäume zu düngen, sind Kompost, abgelagerter Pferdemist oder Rinderdung besonders gut geeignet. Man kann auch einen organischen Universaldünger nehmen. Wichtig ist, dass der Dünger nicht direkt um den Stamm herum verteilt wird, denn dort hat der Baum kaum Feinwurzeln, mit denen er den Dünger aufnehmen kann. Sobald die Starkfröste vorbei sind, verteilt man den Dünger, unter dem äußeren Kronenbereich. Dort be finden sich die meisten Feinwurzeln.

GEMÜSEBEETE VORBEREITEN

An frostfreien Tagen können Sie jetzt die Gemüsebeete für die Aussaat vorbereiten. Den benötigten Kompost sollten Sie vorher mit einem Durchwurfsieb von gröberen Resten befreien. Das erleichtert es später, gleichmäßige Aussaatrillen zu ziehen. Graben Sie die Beete um und geben Sie Kompost und Humus in die frische Erde. Entfernen Sie dabei die ersten Unkrautwurzeln.

KARTOFFELN ANKEIMEN

Wir keimen die Saatkartoffeln vor, indem wir sie in Eierkartons legen, wobei die „Augen" der Kartoffel nach oben zeigen. Ein Ende der Kartoffel hat oft eine größere Anzahl von Knospen. Stellen Sie Ihre Schalen in einen kühlen, hellen, gut belüfteten Raum. Sie können sie auch auf der Fensterbank in indirektem Licht für etwa vier bis sechs Wochen stehen lassen. Die frühen Sorten werden im nächsten Monat als Erste in die Erde kommen. Die Triebe sollten dann etwa 10 Zentimeter lang sein.

SCHWARZE JOHANNISBEEREN BESCHNEIDEN

Die ertragreichsten Stängel der Schwarzen Johannisbeere sind zwei oder drei Jahre alt. Die älteren Stängel haben eine dunklere Rinde als die jungen. Um Platz für neue Stängel und Triebe zu schaffen, die die Pflanze verjüngen, kappen Sie jedes Jahr einige der ältesten Stängel an der Basis. Entfernen Sie alle tiefhängenden Äste und zugewucherte Bereiche in der Mitte, um die Luftzirkulation zu befördern und so das Risiko von Pilzinfektionen zu verringern.

OBSTBÄUME PFLEGEN

Bei frostfreiem Wetter können Obstbäume auch im Februar geschnitten werden, bevor sie zu neuer Aktivität erwachen. Ein gut ausgeführter Verjüngungsschnitt sorgt dafür, dass die Bäume gesund bleiben und in der kommenden Gartensaison gute Erträge liefern. Wichtig ist dabei, dass auch alle kranken und abgestorbenen Triebe bis ins gesunde Holz zurückgeschnitten werden.

Vorsicht: Hat Ihr junger Obstbaum letztes Jahr unerwartet ein starkes Triebwachstum gezeigt, aber kaum oder keine Früchte getragen? Der starke Austrieb ist oft auf einen zu starken Schnitt im Vorjahr zurückzuführen. Jeder weitere Rückschnitt wird das Wachstum zusätzlich anregen. Solche Bäume sollten deshalb nur behutsam geschnitten werden: Entfernen Sie hier ausschließlich Konkurrenztriebe und nach innen wachsende Triebe.

IN LETZTER MINUTE

Herbsthimbeeren beschneiden: Herbsthimbeeren reifen von August bis Oktober, darum heißt eine der bekanntesten Sorten auch „Autumn Bliss" – sie wird ebenfalls unter dem Namen „Blissy" verkauft. Man schneidet sie nach der Ernte im Herbst oder jetzt im Spätwinter zurück, da sie ihre Früchte am einjährigen Holz tragen. Herbsthimbeeren wachsen im Allgemeinen nicht so hoch wie die sommerfruchtenden Sorten und sind einfach zu pflegen. Schneiden Sie jetzt die ehemals fruchttragenden Triebe vom letzten Jahr bis zum Boden ab. Wenn Sie etwas von den Trieben über der Oberfläche stehen lassen, können Sie immer erkennen, wo genau Ihre Himbeerpflanzen kommen werden.

STACHELBEEREN BESCHNEIDEN

Manche Stachelbeersträucher bilden sehr lange Ruten aus, die dann fast kriechend wachsen. Diese langen Triebe sollten Sie für einen stärker nach oben gerichteten Wuchs zurückschneiden. Entfernen Sie alle tief hängenden Äste in Bodennähe, damit die Früchte nicht den Boden berühren.
Wie stark Sie den Trieb stutzen, hängt von Wuchskraft und Sorte ab. Kürzen Sie die Seitentriebe auf etwa drei Knospen, gibt es weniger, aber größere Stachelbeeren.

RHABARBER VORTREIBEN

Die Pflanze muss für die Behandlung des Vortreibens zunächst ein starkes Wurzelsystem aufbauen. Einen Rhabarberhorst lassen Sie deshalb besser einige Jahre wachsen, bevor Sie ihn vortreiben. Anfang Februar decken Sie dann die Horste mit einem Treibbehälter oder einem großen Eimer ab, um Tageslicht auszuschließen. Das Vortreiben fördert beim Rhabarber ein früheres Wachstum, das süßere und zartere Stängel ergibt, als wenn er sich natürlich entwickeln würde. Allerdings zehrt das an den Kraftreserven der Pflanzen. Wenn Sie einen Horst in einem Jahr vorgetrieben haben, sollte sich die Pflanze ein oder zwei Jahre lang erholen, bevor Sie sie erneut vortreiben. Idealerweise haben Sie zwei oder drei Horste, die Sie abwechselnd vortreiben können. Das hält die Pflanzen gesund und kräftig.

KAHLEN BODEN ABDECKEN

Das Mulchen der Gemüsebeete mit gut gereiftem Kompost oder Mist haben wir bereits empfohlen. Wenn Sie ein Beet zum ersten Mal mulchen, seien Sie großzügig und bringen eine Schicht von rund 10 Zentimetern Höhe auf. Wenn Sie öfters mulchen, reichen 5 bis 6 Zentimeter, aber immer genug, um die Oberfläche des Bodens komplett zu bedecken. Starkzehrer profitieren von nährstoffreichem Mulch wie Rasenschnitt oder Kompost, während Schwachzehrer eher mit nährstoffarmem Material wie Stroh oder Holzhäcksel gemulcht werden sollten.

NÄHRSTOFFE NACH BEDARF!

Im Gewächshaus heißt es jetzt erst einmal „**großer Frühjahrsputz!**“, um dann bei günstiger Wetterprognose schon die ersten **frühen Aussaaten** zu starten.

GEWÄCHSHAUS

IN LETZTER MINUTE

Gewächshaus aufräumen: Schaffen Sie Ordnung, bevor Sie mit größeren Pflanzaktionen loslegen. Kontrollieren Sie die Pflanzen etwa wöchentlich, um die Ausbreitung von Pilzkrankheiten zu unterbinden. Gießen Sie nur, wenn die Saaterde bei der Fingerprobe trocken ist. Entfernen Sie abgestorbenes Material. Achten Sie darauf, dass die Pflanzen ausreichend Abstand haben.

DIE AUSSAATEN VORBEREITEN

Für die meisten Pflanzen ist es noch zu früh, um sie auszusäen. Umso besser, dass Sie jetzt in Ruhe alles vorbereiten können für die startende Saison.
Waschen Sie Töpfe und Schalen aus. Etiketten aus Kunststoff oder Metall können Sie reinigen und wiederverwenden.
Achten Sie beim Kauf von Anzuchterde und Kompost darauf, dass es sich um eine frische Charge handelt, die kürzlich geliefert wurde.
Im Baumarkt und Gartencenter finden Sie bei Bedarf auch Heizkästen und Wachstumslampen.

GEWÄCHSHAUSGLAS REINIGEN

Durch die Ansammlung von Algen, Vogelkot und Dreck können die Glasscheiben mit der Zeit ziemlich schmutzig werden und die Lichtverhältnisse im Inneren verschlechtern. Das ist für das Pflanzenwachstum nachteilig. Reinigen Sie deshalb alle Glasflächen des Gewächshauses mindestens zweimal im Jahr, am besten jetzt zum Frühjahrsbeginn und noch einmal im Herbst nach der Wachstumssaison, wenn die Tage kürzer und die Lichtverhältnisse für die überwinternden Pflanzen kritisch werden.

START DER GEMÜSESAISON

Wenn Sie ein Frühbeet oder auch Gewächshaus besitzen, können Sie das Gemüse dort ab Februar aussäen – wenn nicht teils im Januar schon geschehen. Starten Sie etwa mit Salat, Radieschen, Rettich, Kohlrabi, Spinat und Küchenkräutern wie Dill, Rosmarin und Bohnenkraut. So können Sie die kommende Ernte um mehrere Wochen vorverlegen. Achten Sie jedoch darauf, dass die Aussaat nicht zu sehr der prallen Sonne ausgesetzt ist und nicht austrocknet.

ACKERBOHNEN SÄEN

Im Gewächshaus können Sie die Aussaat von Vicia faba jetzt schon starten und die Keimlinge in ein paar Wochen auspflanzen. Füllen Sie für die Aussaat der Samen Anzuchtschalen mit Kompost und drücken Sie je zwei Samen in einer Tiefe von 2 bis 3 Zentimetern in die Mitte des Moduls. Keimende Sämlinge dünnen Sie dann auf einen – den kräftigeren – pro Modul aus. Lassen Sie Ihre Pflanzen an einem kühlen und hellen Ort wachsen und halten Sie den Kompost feucht, aber nicht zu nass, da dies Fäulnis begünstigt.

TOPFERDE AUFFRISCHEN

Pflanzen, die dauerhaft in einem Topf wachsen und im Gewächshaus überwintern, können für die kommende Wachstumsperiode gestärkt werden. Entfernen Sie einfach die obersten 5 Zentimeter der Erde und ersetzen Sie sie durch eine Mischung aus Kompost für Containerpflanzen sowie Langzeitdünger.

WINTERHARTES GEMÜSE AUSSÄEN

Frühlingszwiebeln kann man ab Mitte Februar im Gewächshaus aussäen. Nutzen Sie wiederverwendbare Modulschalen (Anzuchtschalen) und frische Saatguterde. Säen Sie drei Samen in jedes Modul. Sie können einen angefeuchteten Cocktailspieß oder einen Holzspieß verwenden, um die Samen zwischen den Töpfchen zu bewegen oder sie innerhalb des Abteils zu positionieren. Dann mit feinem Vermiculit oder gesiebter Erde bedecken, feucht halten und an einen kühlen, hellen Ort stellen. Die Keimlinge werden einzeln ausgepflanzt, sobald der Boden im März bearbeitbar ist.

CHILIS UND ANDERE EMPFINDLICHE GEMÜSE VORZIEHEN

Empfindlichere Gemüsesorten wie Tomaten, Paprika, Chilis, Auberginen oder auch Artischocken lassen sich so früh nur im beheizten Gewächshaus vorziehen. Ansonsten ist ein beheiztes Anzuchtgefäß auf einer sonnigen Fensterbank die beste Option.

Es gibt zwei bewährte Möglichkeiten, wie man Chili- und Paprikasamen säen kann. Je nachdem wie viele Pflanzen Sie produzieren möchten, verwenden Sie eine andere Technik. Bei überschaubaren Mengen ist die Methode der Wahl, ein paar Samen in die Mitte eines kleinen Topfes zu säen und dann mit einer Schere alle Sämlinge bis auf den stärksten auszudünnen. Lassen Sie dann diesen Sämling weiterwachsen, bis er groß genug ist, um in einen Pflanzbeutel oder -behälter gepflanzt zu werden.

Größere Mengen an Samen säen Sie in eine flache Schale aus und vereinzeln dann die Keimlinge in verschiedene Töpfe, wo sie genügend Platz zum Weiterwachsen haben.

PROJEKT DES MONATS

STECKHÖLZER SCHNEIDEN

Pflanzen, die sich gut zur Vermehrung durch Steckholz eignen, umfassen viele Blütensträucher wie Forsythien, Spiersträucher, Weigelien, Holunder, Liguster und Obststräucher mit Beeren wie Johannisbeeren und Stachelbeeren.

SIE BRAUCHEN

- **Verholzte einjährige Stecklinge**
- **Bewurzelungshormonpulver**
- **Astschere**
- **Messer**
- **1- bis 3-Liter-Töpfe**
- **Anzuchterde**
- **Handschaufel**

Perfekt für:
die einfache Vermehrung von beliebten holzigen Zier- und Nutzpflanzen für den eigenen Garten. Auch Laubbäume wie Weiden und Pappeln lassen sich auf diese Weise vermehren.

SO GEHT'S

1 Schneiden Sie den Trieb knapp unter einer Knospe oder einem Knospenpaar ab. Kürzen Sie das Steckholz auf etwa 20 cm (bei großen Sträuchern) oder 5–8 cm (bei kleinen Sträuchern) ein. Entfernen Sie alte Blätter und Seitentriebe, aber nicht die Knospen.

2 Nun wird das Holz zweimal angeschnitten: am unteren Ende waagerecht zum Trieb und am oberen Ende knapp über der Knospe schräg. Verwenden Sie dazu ein scharfes Messer oder eine scharfe Astschere, keine Ambossschere, denn diese quetscht den Trieb. Um die Wurzelbildung am unteren Ende anzuregen, wird an dieser Stelle ein Stück Rinde abgeschält. Tauchen Sie die Schnittstelle in Bewurzelungshormonpulver (im Gartenfachhandel erhältlich).

3 Füllen Sie einen Topf mit Anzuchterde und stecken Sie die Hölzer mit dem geraden Ende (Wuchsrichtung beachten!) in das Substrat, sodass nur noch das obere Ende herausschaut. Der Abstand zwischen den Steckhölzern sollte etwa 5 cm betragen, damit sie genug Platz zum Wachsen haben.

4 Alternativ können Sie die Steckhölzer direkt im Garten in ein Anzuchtbeet stecken. Generell werden sie so tief gesteckt, dass nur das obere Knospenpaar aus der Erde herausragt.

5 Bis zum kommenden Herbst sollten sich die Stecklinge gut bewurzelt haben. Sie können nun an ihren endgültigen Platz im Beet verpflanzt werden.

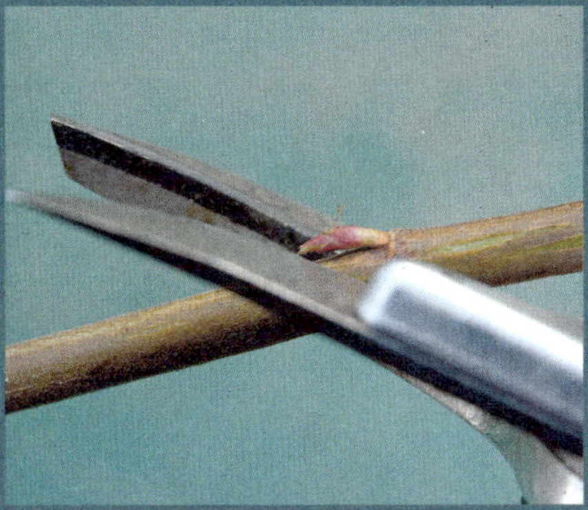

Noch wirkt der Garten vielleicht etwas kahl, aber die Frühlingsblüher setzen dafür ihre **farbigen Tupfer** umso auffälliger in die Beete und Töpfe.

MRZ

WAS GIBT ES JETZT ZU TUN?

ZIERGARTEN

Unerwünschtes entfernen

Jungfer im Grünen säen

Netzblatt-Iris pflanzen

Wurzelnackte Rosen pflanzen

Rosen düngen

Cosmeen vorziehen

Sommerblühende Zwiebeln und Knollen pflanzen

Staudenstützen einsetzen

Kirschlorbeer schneiden

Was tun mit dem Schnittgut?

NUTZGARTEN

Wildkräuter ernten

Spinat aussäen

Erdbeeren auf Vordermann bringen

Tomaten vorziehen

Obstgehölze düngen

Zwiebeln pflanzen

Kartoffeln pflanzen

Ins Gemüsebeet aussäen

Himbeersträucher zurückschneiden

GEWÄCHSHAUS

Gemüse aussäen

Dahlien in Kisten vorziehen

Kohlsorten im Frühbeet und Gewächshaus aussäen

PROJEKT DES MONATS

So wird ausgesät

DIE GARTENSAISON STARTET MIT MACHT

Nach langen, dunklen Wintermonaten spüren wir endlich wieder die ersten warmen Sonnenstrahlen auf der Haut und können beobachten, wie unser Garten langsam, aber sicher aus dem Winterschlaf erwacht. Überall sprießt und grünt es, und die Natur zeigt uns eindrucksvoll, dass ein neues Gartenjahr beginnt.

Auch schon da: Blattläuse an den zarten Blättern eines Apfelbaums.

Hier sprießen frische Triebe der Herzblattlilien (Gatt. Hosta).

Hummeln fliegen auf die attraktiven Blüten der Traubenhyazinthen.

Eher ab Ende März bis in den Mai hinein blühen die Mirabellen und bieten den Bienen reichlich Futter.

Mit jedem Tag wird der Garten lebendiger und schöner. Im Ziergarten überziehen die ersten Frühlingsblüher wie Krokusse, Schneeglöckchen und Winterlinge bereits die kahlen Beete mit bunten Farbtupfern. Stauden zeigen nun die ersten frischen Triebe, wenn sie den Winter gut überstanden haben. Eine Gabe organischen Düngers wie Kompost oder gut verrotteter Mist verleiht Ihren Stauden frische Energie für einen guten Start in die neue Saison.

Nach dem Winter weist der Rasen oft kahle Stellen, Moos oder Unkraut auf. Eine gründliche Überarbeitung mit Vertikutieren, Düngen und gegebenenfalls Nachsäen bringt ihn wieder in Form. Bei mildem Wetter können Sie bereits mit dem ersten Mähen starten – aber nicht zu kurz, die Gräser brauchen noch Blattfläche, um Energie zu gewinnen. Am und im Gartenteich beginnen mit etwas Glück bereits die ersten Seerosen auszutreiben – ein wunderschöner Anblick!

Auch im Nutzgarten läutet der März die eigentliche Gartensaison ein. Lockern Sie die Erde in den Beeten, arbeiten Sie Kompost ein und bereiten Sie alles für die Aussaat vor. Radieschen, Spinat, Feldsalat, Petersilie und andere robuste Kräuter können schon ins Freiland gesät werden. Auch frühe Möhren und Zwiebeln dürfen ins Beet.

Die ersten Obstblüten zeigen sich bereits – Mirabellen, Pfirsiche und frühe Kirschen verzaubern den Garten mit ihrer Blütenpracht. Denken Sie daran, bei Spätfrost die Blüten zu schützen!

An sonnigen Tagen lüften Sie Ihr Gewächshaus wenigstens tagsüber, damit die Temperaturen nicht zu stark ansteigen und Ihre Sämlinge nicht „vergeilen" und umfallen. Eine gleichmäßige Bewässerung ist jetzt besonders wichtig – die jungen Pflänzchen dürfen weder austrocknen noch zu nass stehen.

Auch das tierische Leben erwacht im Garten. Die ersten Bienen und Hummeln summen um die Frühlingsblüher und sorgen für die wichtige Bestäubung. Vögel beginnen mit dem Nestbau – Amseln, Rotkehlchen und Zaunkönige sind jetzt besonders aktiv. Sie können diese mit Nistmöglichkeiten und Wasserstellen unterstützen. Igel erwachen aus dem Winterschlaf und suchen nach Nahrung. Lassen Sie daher ruhig einige wilde Ecken in Ihrem Garten bestehen, wo sich Insekten und andere Kleintiere verstecken können.

PFLANZEN UND AUSSÄEN!

Duftende Hyazinthen und zarte Christrosen stehen jetzt **in voller Blüte**. Parallel laufen die Vorbereitungen für die Blumenvielfalt im Sommer.

ZIERGARTEN

UNERWÜNSCHTES ENTFERNEN

Wenn es milder wird, lassen sich im Beet immer mehr junge Beikräuter blicken, die oftmals nicht gerne gesehen sind und zugunsten favorisierter Frühlingsboten weichen müssen. Bevor die Unkräuter richtig Fuß fassen, entfernen Sie jetzt schon die überwinterten und frisch austreibenden unerwünschten Pflanzen. Wenn Sie dabei auf kleine Blumenzwiebeln stoßen, die über den Winter durch Eisbildung in der Erde oft hochgedrückt werden und nahe der Oberfläche lagern, verlegen Sie diese wieder tiefer in die Erde.

JUNGFER IM GRÜNEN SÄEN

Die einjährigen Jungfern im Grünen (bot. Nigella damascena) sind Kaltkeimer, sie brauchen also einen Kältereiz als Starter, um die Keimung auszulösen. Reife Samen fallen im Herbst ab September auf den Boden und blühen im nächsten Frühjahr. Der beste Zeitpunkt für eine Direktsaat von gekauften Samen ist nach den letzten Frösten. Säen Sie die Pflanzen ab Mitte März bis Mai ins Beet oder auch in Töpfe aus. Keimlinge aus Töpfen können Sie später ins Beet setzen, wo sie gut reinpassen.

NETZBLATT-IRIS PFLANZEN

Die Netzblatt-Iris (bot. Iris reticulata) oder Zwiebel-Iris ist im Frühjahr eine attraktive Blühpflanze. Wenn Sie die Zwiebeln nicht im Herbst gesteckt haben, können Sie die Pflanzen jetzt in der Gärtnerei in Töpfen vorgezogen kaufen. So können Sie sofort beurteilen, ob Ihnen die Sorte gut gefällt. Es gibt cremegelbe, hellblaue bis hin zu violetten Züchtungen. Zwiebeliris-Arten mögen es im Sommer trocken und sonnig, ideal also für sandige Böden und warmes Klima.

IN GRUPPEN PFLANZEN!

WURZELNACKTE ROSEN PFLANZEN

Die Wildrose ‚Strandperle Norderney' ist eine Kleinstrauchrose mit kräftig violettroten Blüten. Sie ist trockenheitsverträglich, blüht von Juni bis Oktober und zieht viele Insekten an. Jetzt im Frühjahr bekommen Sie diese und andere Rosen als wurzelnackte Ware. Das ist deutlich preiswerter als die getopften Rosen, die es später im Sommer zu kaufen gibt. Die wurzelnackte Pflanze stellen Sie mindestens eine Stunde lang in einen Eimer mit Wasser, bevor Sie die Rose so in das ausgehobene Pflanzloch einsetzen, dass die Veredlungsstelle etwa 5 Zentimeter unter die Erde kommt.

ROSEN DÜNGEN

Bei Ihren Rosen sollten Sie das Düngen zum Saisonstart nicht übertreiben, sonst werden die neuen Triebe und Blätter sehr weich und saftig, was auf Blattläuse äußerst anziehend wirkt. Nehmen Sie erst einmal etwa die Hälfte der Menge, die auf der Düngerpackung empfohlen wird. Diese dann ausstreuen und die Erde gut wässern, damit der Dünger gleich an die Wurzeln gelangt. So starten die Rosen gut ins Frühjahr, bilden aber stabilere Blätter, die für die Blattläuse schwerer „anzuzapfen" sind.

IN LETZTER MINUTE

Pracht- oder Präriekerze zurückschneiden: Gaura lindheimeri fühlt sich an trockenen, sonnigen und eher windgeschützten Standorten wohl. Sie ist nicht sehr langlebig, verbreitet sich aber reichlich über die Samen. Wenn Sie die Pflanzen nicht im letzten Herbst zurückgeschnitten haben, hat das alte Laub des Vorjahrs sie den Winter über etwas geschützt. Schneiden Sie es jetzt bodennah ab, bevor die Pflanzen neu austreiben.

COSMEEN VORZIEHEN

Die Schmuckkörbchen (bot. Cosmos bipinnatus) sind im Lauf des Sommers gute Lückenfüller im Beet. Säen Sie die anspruchslosen, aber hübsch grazilen Blumen jetzt in Pflanzschalen aus, dann können Sie sie im Mai (siehe Monat Mai) in Töpfe pikieren beziehungsweise vereinzeln und später nach Bedarf in die Blumenbeete setzen.

PFLANZENSCHUTZ

Schrecken durch Schnecken: Zarte grüne Triebe üben eine magische Anziehungskraft auf die Weichtiere aus, egal ob mit Häuschen oder ohne. Vorbeugend helfen Schneckenzäune und Kupferband, das um Töpfe gespannt wird. Und natürlich sammeln Sie die schleimigen Plagegeister von Hand ab, wo Sie sie finden.
Schneckenkorn mit dem Wirkstoff Eisen-III-Phosphat ist relativ unbedenklich, da dieser anderen Gartenbewohnern wie Igeln nicht schadet. Das gilt nicht für metaldehydhaltiges Schneckenkorn, das keinesfalls eingesetzt werden sollte.

SOMMERBLÜHENDE ZWIEBELN UND KNOLLEN PFLANZEN

Im Gegensatz zu frühlingsblühenden Zwiebelblumen, die im Herbst gepflanzt werden, müssen Zwiebel- und Knollenpflanzen, die im Sommer und Herbst blühen, jetzt gesetzt werden. Dazu gehören Prärielilien (Gatt. Camassien), Zierlauch, Montbretien (Gatt. Crocosmien), Schopflilien, Dahlien und Gladiolen. Sie werden jetzt im Handel angeboten. Die Zwiebeln oder Knollen müssen sich fest anfühlen und dürfen keine weichen, fauligen oder schimmeligen Stellen haben. Viele können ins Beet gepflanzt, andere müssen im Zimmer vorgezogen werden oder dürfen erst nach den Eisheiligen Mitte Mai ins Freie. Beachten Sie die Etiketten. Wie alle Zwiebel- und Knollenpflanzen brauchen diese einen durchlässigen Boden mit guter Drainage. Eine Handvoll Kies oder Blähton unter der Zwiebel beim Pflanzen tut ihnen gut.

5-MINUTEN-PROJEKTE

TIERTRÄNKEN REINIGEN

Wenn die Vögel so langsam mit der Brutsaison beginnen, ist der richtige Zeitpunkt gekommen, um die Vogeltränken gründlich zu reinigen. Spülen sie sie nur mit kochendem Wasser aus und stellen Sie sie mit frischem Wasser befüllt wieder auf. Stellen Sie in die Gefäße einen Zweig, damit sich auch kleine Tiere retten können und nicht ertrinken.

TULPENBLÜTEN STOPPEN

Tulpen sollen im Regelfall keine Samen bilden, sondern ihre ganze Kraft in die Zwiebeln für das nächste Jahr stecken. Kneifen oder schneiden Sie die grünen Fruchtknoten beziehungsweise Samenkapselstände ab. Das Laub lassen Sie noch stehen, bis es braun geworden ist und einfach aus dem Boden gezogen werden kann.

LÜFTEN IM GEWÄCHSHAUS

An sonnigen Tagen erwärmt sich die Luft im Treibhaus tagsüber schon schnell, was besonders den Keimlingen und Jungpflanzen zu schaffen macht. Lassen Sie tagsüber frische Luft rein, schließen aber abends Klappen und Türen wieder, weil es nachts noch richtig kalt werden kann.

JUNGE ERBSENPFLANZEN STÜTZEN

Sobald die ersten frühen Erbsenpflanzen im Beet sich in die Länge recken, stecken Sie zurechtgestutzte Reisigzweige in den Boden und leiten die Triebe daran hoch, sodass die Hülsen später nicht den Boden berühren. Das ist billig, funktioniert gut, und Sie können die Stützen später einfach zusammen mit den Pflanzen entsorgen.

WICHTIG!

STAUDENSTÜTZEN EINSETZEN

Wenn aufschießende Stauden später umkippen und auseinanderfallen, müssen Sie sie zusammenbinden, was dann nicht mehr wie natürlich gewachsen aussieht. Um das zu verhindern, können Sie jetzt schon etwas tun.
Nehmen Sie einfach verzweigte Äste vom winterlichen Rückschnitt und stecken Sie diese in und um die Stauden herum in den Boden. Im Laufe des Sommers leiten Sie die hochwachsende Staude in den Zwischenräumen nach oben. Das sieht dann wie natürlich gewachsen aus.

KIRSCHLORBEER SCHNEIDEN

Wenn Sie sich beim Kirschlorbeer (bot. Prunus laurocerasus) auf die weißen Blütenkerzen im Sommer freuen, schneiden Sie behutsam. Nicht einfach mit der Heckenschere entlangrasieren! So verletzte Blätter werden braun. Wichtiger aber: Sie entfernen damit auch die Blütenknospen. Kürzen Sie also zu lange Äste besser gezielt mit der Gartenschere.

IN LETZTER MINUTE

Stauden teilen: Viele sommerblühende Stauden wie Taglilien (Gatt. Hemerocallis), Astern (Gatt. Aster) und Flammenblumen (Gatt. Phlox) können jetzt noch geteilt werden, bevor sie austreiben. Graben Sie die Pflanzen vorsichtig aus und teilen Sie den Wurzelballen mit einem scharfen Spaten oder Messer. Jedes Teilstück sollte mindestens drei bis fünf Triebknospen besitzen. Das Teilen verjüngt die Pflanzen, fördert die Blühfreudigkeit und beschert Ihnen kostenlos neue Exemplare für andere Gartenecken.

WAS TUN MIT DEM SCHNITTGUT?

Spätestens im März fragen Sie sich, wohin mit dem ganzen Stauden- und Strauchschnitt, der (hoffentlich) erst im Spätwinter bei Ihnen angefallen ist. Auf Dauer bleibt oftmals viel Material übrig, auch wenn Sie einen Teil auf den Komposthaufen geben. Holzige Bestandteile kann man sofort häckseln, mit dem Rest der organischen Abfälle Freiflächen mulchen.

Der robuste Feld-
salat (auch: Rapunzel) aus
dem Freiland ist gesund und
schmeckt in der Regel **inten-
siver und knackiger** als
Exemplare aus dem
Gewächshaus.

NUTZGARTEN

WILDKRÄUTER ERNTEN

Zu keiner anderen Jahreszeit stellt die „wilde" Natur im Garten mehr zum sofortigen Verzehr bereit als im zeitigen Frühjahr. Verfeinern Sie Salate jetzt mit jungen Löwenzahnblättern, Gänseblümchen, Knoblauchsrauke, Gundermann, Wiesenschaumkraut und natürlich Gierschblättern. Vielleicht richten Sie eine Ecke für Wildkräuter im Garten ein?

SPINAT AUSSÄEN

Spinat braucht nicht viel Unterstützung, nur etwas Kompost und wenig Dünger. Die Rillen im Beet für die Aussaat sollten 2 bis 3 Zentimeter tief sein, der Reihenabstand beträgt 25 bis 30 Zentimeter. Die Saatrillen dann mit ein wenig Erde überdecken und gut andrücken. Den Boden bis zur Keimung nach etwa ein bis zwei Wochen gleichmäßig feucht halten.

ERDBEEREN AUF VORDERMANN BRINGEN

Lockern Sie den Boden zwischen den Erdbeerpflanzen und entfernen den äußeren Blattkranz. Jungpflanzen in Töpfen können jetzt ins Beet gesetzt werden. Versorgen Sie die Pflanzen zusätzlich mit frischem Kompost.

WICHTIG!

TOMATEN VORZIEHEN

Wenn Sie die Tomaten ins Beet pflanzen wollen, ist jetzt die beste Zeit, für die Vorkultur, denn die Tage sind lang und hell genug. Lassen Sie die Samen ein paar Stunden in Wasser vorquellen, dann keimen sie schneller. Danach kommt je ein Samenkorn in einen kleinen Topf mit Aussaaterde, dieses noch mit etwas Erde abdecken und fertig. Statt Aussaaterde können Sie Sie einfach zwei Drittel Gartenerde mit einem Drittel Sand mischen. Erhitzen Sie das Ganze auf einem Backblech bei 100 Grad eine halbe Stunde lang, um Wildkräuter abzutöten. Wenn sich der Keimling aus dem Boden schiebt, bekommt er genügend Licht und kann kräftig loswachsen. Nach draußen dürfen die kälteempfindlichen Pflanzen jedoch erst im Mai nach den Eisheiligen.

OBSTGEHÖLZE DÜNGEN

Sträucher wie Schwarze Johannisbeere und Bäume wie Pflaume, Kirsche, Apfel und Birne sind zum Saisonstart für eine stickstoffbetonte Düngung dankbar, zum Beispiel mit Ammoniumsulfat, sobald der Boden nicht mehr gefroren ist. Den Dünger arbeiten Sie am besten leicht in die obere Bodenschicht ein und wässern den Boden um die Pflanzen herum anschließend.

ZWIEBELN PFLANZEN

Sobald der Boden frostfrei ist, können Steckzwiebeln und Schalotten ins Beet. Wählen Sie lockere, gut durchlässige Erde – Staunässe vermeiden! Zwiebeln 3 bis 4 Zentimeter tief setzen, Abstand 10 bis 15 Zentimeter. Schalotten nur zur Hälfte eingraben. Ein sonniger Standort ist ideal. Regelmäßig gießen, aber sparsam düngen.

IN LETZTER MINUTE

Boden bearbeiten: Wenn Sie im Februar noch nicht die Zeit für intensive Bodenvorbereitungen im Gemüsebeet hatten, holen Sie es jetzt nach. Der Boden sollte dazu frostfrei und abgetrocknet sein. Lockern Sie die Erde mit einer Harke oder mit einem Sauzahn auf. Falls auf dem Beet noch eine Gründüngung wächst, arbeiten Sie diese ins Beet ein. Ansonsten düngen Sie mit gesiebtem Kompost oder abgelagertem Mist. Sehr gut für die Humusbildung ist Laubkompost. Schwere Lehmböden verbessern Sie durch Zugabe von grobem Sand. Mit Tonmehl können Sie die Wasserspeicherung bei sandigen Böden erhöhen.

KARTOFFELN PFLANZEN

Gute Frühkartoffelsorten sind ‚Anuschka' und ‚Bellaprima', die ab Januar vorgetrieben werden können. Ende März können sie ins Freie gepflanzt werden. Bei kaltem Wetter warten Sie besser noch bis Anfang April. Sie brauchen zur Pflanzung keinen Graben auszuheben, es reicht, die Knollen etwa 15 Zentimeter tief mit einer Handschaufel einzugraben. Der Pflanzabstand sollte etwa 25 bis 30, der Reihenabstand 50 bis 60 Zentimeter betragen. Ein spezieller Kartoffelpflanzer erleichtert die Arbeit. Eine Mulchschicht aus Grüngutkompost hält die Feuchtigkeit im Boden und wird nach und nach von Regenwürmern in tiefere Bodenschichten transportiert. Kartoffeln können auch in großen Kübeln gezogen werden. Dazu legen Sie die Knollen auf eine etwa 10 Zentimeter dicke Erdschicht und füllen sukzessive Blumenerde nach, wenn die Triebe länger werden, bis der Kübel voll ist.

INS GEMÜSEBEET AUSSÄEN

Bei freundlicher Witterung können Rote Bete, Mangold, Erbsen, Frühkarotten, Pastinaken, Rüben, Kohlrabi, Spinat, Frühlingszwiebeln und Rettich jetzt bereits in die vorbereiteten Beete im Freiland gesät werden. Genauso Salat, einige Kräuter und Asia-Salate. Befolgen Sie jeweils die Angaben auf den Packungen zur Saattiefe und den Abständen. Viel hilft in diesem Fall nicht viel, wenn die Pflanzen später nicht genügend Raum für Wachstum und Entfaltung haben.

PFLANZENSCHUTZ

Mehltau an Kohl: Entfernen Sie die vergilbten Blätter an Ihren Kohlpflanzen, um die Entwicklung und die Ausbreitung von Krankheiten wie Grauschimmel und Mehltau zu vermeiden. Wässern Sie den Kohl morgens, damit die Blätter am Tag abtrocknen können. Vermeiden Sie das Besprühen der Blätter. Noch ein Tipp: Pflanzen Sie Kohl nicht jedes Jahr am gleichen Platz.

HIMBEERSTRÄUCHER ZURÜCKSCHNEIDEN

Bei allen Himbeertypen sollen kranke Triebe abgeschnitten werden, um nicht die ganze Pflanze anzustecken – und zwar schnellstmöglich, sobald Sie die Erkrankung erkennen. Bei sommertragenden Himbeersorten werden jetzt nur die Spitzen der Triebe, die über die Rankhilfe hinausragen, eingekürzt. Sie bilden ihre Früchte nur an zweijährigen Trieben aus. Wenn bei herbsttragenden Himbeeren die neuen Triebe aus der Erde erscheinen, schneiden Sie alte Triebe bis zum Boden zurück. Eine Mulchschicht ist sinnvoll, bedecken Sie die neuen Triebe aber nicht zu hoch.

SAISONSTART

Im Gewächshaus geht es rund. Es spielt jetzt seine **klimatischen Vorzüge** aus, damit Sie nachher mit einem Vorsprung in die Freilandsaision starten können.

GEWÄCHSHAUS

GEMÜSE AUSSÄEN

Frühe Gemüsearten, die man im Gewächshaus ab jetzt aussäen kann, sind Zwiebeln, Salat, Petersilie, Rote Bete und Spinat.

KOHLSORTEN IM FRÜHBEET UND GEWÄCHSHAUS AUSSÄEN

Außer Pflücksalat, Sommerlauch und Saatzwiebeln können jetzt Kopfsalat, Kohlrabi, früher Rotkohl, Weißkohl, Wirsing, Brokkoli und Blumenkohl ausgesät beziehungsweise Jungpflanzen gesetzt werden.

DAHLIEN IN KISTEN VORZIEHEN

So bekommen Ihre Dahlien einen Wachstumsvorsprung vor den Pflanzen im Freiland. Die Dahlienknollen müssen Sie nicht einzeln in Töpfen vorziehen. Kompakter und effizienter geht das mit einer luftigen Holz- oder Kunststoffkiste. Legen Sie diese mit einem Vliesstoff aus. Die Knollen dann von kranken Stellen befreien und nebeneinander auf eine Erdschicht in der Kiste stellen. Das Ganze mit Erde auffüllen und fertig.
Stellen Sie die Kisten an einen hellen, warmen Ort und halten Sie die Erde gleichmäßig feucht.

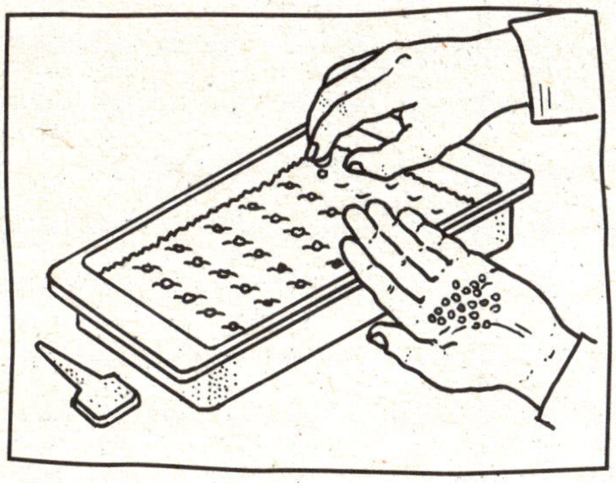

PROJEKT DES MONATS

SO WIRD AUSGESÄT

Pflanzen aus Samen anzuziehen, ist die natürliche und gleichzeitig kostengünstige Vermehrungsmethode. Von vielen Nutz- und Zierpflanzen können Sie selbst Samen ernten.

Perfekt für:
einjährige Gemüsesorten wie zum Beispiel Tomaten, Bohnen, Paprika und Blumen wie Sonnenblumen, Ringelblumen und Löwenmäulchen.

SIE BRAUCHEN

- Harke/Rechen
- Hacke
- Schnur mit Pflöcken
- Pikierstab
- Aussaatschalen, Töpfe, Multitopfplatten
- Aussaat- oder Anzuchterde
- Etiketten und wasserfesten Stift
- Anzuchtgewächshaus oder durchsichtige Kunststoffhaube zum Abdecken
- Quarzsand oder Vermiculit zum Abdecken der Samen
- Ballbrause oder Gießkanne mit feinem Brausekopf

SO GEHT'S DRAUßEN

Bereiten Sie das Saatbeet vor, indem Sie die Erde grob hacken und Unkraut dabei beseitigen. Dann ziehen Sie die Oberfläche mit einem Rechen feinkrümelig glatt. Zum Schluss drücken Sie die Erdkrume mit der Rückseite des Rechens leicht an.

Spannen Sie mit den Pflöcken die Schnur für eine Saatreihe auf. Mit einem Dibber oder einer Hacke ziehen Sie dann eine Rille. Lesen

Sie auf der Samentüte nach, wie tief diese für die gewählte Gemüseart sein soll.

Säen Sie die Samen gemäß Anleitung auf der Packung aus. Mischen Sie sehr feine Samen mit Quarzsand, so lassen sie sich besser verteilen. Größere Samen platzieren Sie mit den Fingern. Mit Erde bedecken und angießen.

Wenn die Keimlinge erscheinen, ziehen Sie schwache, kränkliche sowie zu dicht stehende einfach heraus. Man nennt dies vereinzeln oder verziehen.

SO GEHT'S DRINNEN

Füllen Sie eine Saatschale, Multitopfplatte oder kleine Töpfe mit Aussaaterde. Gröbere Brocken zerkrümeln Sie gleich mit den Fingern. Klopfen Sie die Gefäße auf die Unterlage, damit sich die Erde gut setzt. Überschüssiges Material abstreifen. Drücken Sie die Erde mit einem Stempel an, um Lufteinschlüsse im Substrat zu beseitigen. Säen Sie die Samen so aus, dass die einzelnen Körner im Abstand von etwa 5 mm auf der Oberfläche liegen.

Decken Sie die Samen mit einer dünnen Schicht Erde, Vermiculite oder Quarzsand ab. Bei Lichtkeimern wie Sellerie und Basilikum aber keine Erde nehmen. Dann mit der Ballbrause angießen und mit der Kunststoffhaube abdecken. Hell und geschützt aufstellen.

Sobald die Sämlinge das erste echte Blatt gebildet haben, werden sie pikiert, also einzeln oder in kleinen Gruppen mit dem Pikierstab oder Bleistift aus der Anzuchterde herausgehoben und in größere Töpfe umgepflanzt.

Im neuen Topf mit dem Pikierstab oder Finger ein Loch bohren, die Keimlinge mit den Fingern an den Blättern halten und hineinstellen. Die Erde noch leicht andrücken, angießen und die Töpfe möglichst hell aufstellen.

Es ist nun an der Zeit, **Kräuter** und verschiedene **Salatsorten** im Gewächshaus auszusäen. So vorgezogen starten sie im Beet voll durch!

APR

WAS GIBT ES JETZT ZU TUN?

ZIERGARTEN

Erfrorene Pflanzen überprüfen
Direktsaat ins Freiland
Hamamelis beschneiden
Setzlinge vereinzeln
Mahonien beschneiden
Efeu einkürzen
Heidekraut zurückschneiden
Rhododendron pflanzen
Schnittgut kompostieren
Rasen mähen
Forsythie zurückschneiden

NUTZGARTEN

Beete vorbereiten
Tomaten umtopfen
Gemüsejungpflanzen pikieren
Ackerbohnen stützen
Rosenkohl säen
Obstbäume düngen
Rosmarin schneiden

GEWÄCHSHAUS

Frühbeet räumen
Zartes Gemüse aussäen
Winterhartes Gemüse pflanzen

PROJEKT DES MONATS

Sechs schnelle Stauden

FRÜHLINGSERWACHEN

Die Tage werden spürbar länger, die Temperaturen steigen, und überall grünt und blüht es in einer Pracht, die unser Herz höherschlagen lässt. Genießen Sie die warmen Sonnenstrahlen bei der Gartenarbeit, atmen Sie den Duft der Pflanzen ein und freuen Sie sich auf all die Projekte, die Sie sich vorgenommen haben.

Im April ist der Garten schon voller Farben. Hier locken Narzissen, Krokusse und Tulpen fliegende Insekten an. Lassen Sie verblühte Pflanzen stehen. In den Blütenstängeln sind noch Chlorophyll und Nährstoffe enthalten, die die Zwiebel später einzieht und speichert.

Magnolienblüten duften ganz unterschiedlich. Je nach Sorte kann das als frisch bis zitronig oder lieblich bis süßlich wahrgenommen werden. Kein Wunder, dass Magnolienessenz in Parfüms verwendet wird, die von vielen Menschen als sehr angenehm empfunden werden.

Im Ziergarten wiegen sich Narzissen im Wind, Tulpen strecken ihre bunten Köpfe der Sonne entgegen, und Hyazinthen verströmen ihren betörenden Duft. Noch vor dem neuen Laub leuchten Forsythien in strahlendem Gelb, Magnolien öffnen ihre Knospen, und die ersten Obstbäume stehen in voller Blüte. Die Stauden, die den Winter gut überstanden haben, sollten jetzt förmlich aus dem Boden schießen!

Der Rasen wächst nun kräftig und benötigt regelmäßige Pflege. Am Gartenteich beginnen die Wasserpflanzen zu wachsen, und das Leben erwacht. Mit Ausnahme der Winterlibellen entwickeln sich Libellenlarven im Wasser, bevor sie sich im letzten Larvenstadium an einem geeigneten Ort über Wasser (oft an Pflanzenstängeln) häuten und als erwachsene Libellen schlüpfen. Mit Glück können Sie die ersten Libellen wie die rote Frühe Adonislibelle bereits beobachten – ein faszinierender Anblick!

Im Nutzgarten zeigen die ersten Aussaaten vom März bereits ihre Erfolge: Frischer Spinat, knackige Radieschen und würzige Kräuter wandern in die Küche. Im Obstgarten ist die Blüte in vollem Gange, und Sie können bereits die Grundlage für eine reiche Ernte legen. Frühe Beerensträucher wie Johannisbeeren und Stachelbeeren können bereits erste Früchte bilden.

Im Gewächshaus können die im März gesäten Tomaten, Paprika und Gurken bald pikiert werden. Geben Sie ihnen größere Töpfe und sorgen Sie für ausreichend Licht und Luftzirkulation. Jetzt ist zudem die Zeit, um Kürbisse, Zucchini und Melonen für die spätere Auspflanzung vorzuziehen. Auch einjährige Blumen wie Tagetes, Petunien und Begonien können Sie jetzt vorziehen.

Der April bringt leider auch verstärkt Schädlinge in den Garten. Blattläuse vermehren sich explosionsartig, besonders an jungen Trieben und in geschützten Bereichen. Auch Schnecken werden bei der feuchten Aprilwitterung zu einer echten Plage.

Viele Vogelarten beginnen jetzt mit der Brut. Amseln, Meisen, Rotkehlchen und viele andere bauen ihre Nester und ziehen ihre Jungen groß. Sie können für geeignete Nistmöglichkeiten sorgen. Aber stören Sie die Tiere nicht bei der Brutpflege.

Bienen und andere Bestäuber werden vermehrt aktiv. Hummeln, Wildbienen und Schmetterlinge lassen sich auf den Blüten Ihrer Nutz- und Zierpflanzen nieder. Auch nützliche Insekten wie Marienkäfer, Florfliegen und Schwebfliegen sind unterwegs.

UND NUN AB IN DEN GARTEN!

Das **Tränende Herz** blüht von Ende April bis Juni. Die Blüte zeichnet sich durch ihre Herzform aus, an der eine kleine „Träne“ hängt.

ZIERGARTEN

ERFRORENE PFLANZEN ÜBERPRÜFEN

Werfen Sie einen Blick auf die Pflanzen, die im Winter vom Frost betroffen waren. Viele werden sich wieder erholen und brauchen nur einen Rückschnitt der abgestorbenen Triebe. Das Tränende Herz zum Beispiel treibt früh aus, seine Triebe sind noch spätfrostgefährdet. Stülpen Sie vor Kälteeinbrüchen eine (Styropor-)Kiste über die Pflanze. Aber alles, was komplett abgestorben ist, graben Sie am besten aus und ersetzen diese Pflanzen durch etwas Widerstandsfähigeres, das sich besser für diesen Standort eignet.

DIREKTSAAT INS FREILAND

Robuste Sommerblumen wie Goldmohn, Ringelblume, Duftwicke, Bechermalve und Duftsteinrich können Sie direkt ins Beet säen.

ERST NACH DER BLÜTE!

HAMAMELIS BESCHNEIDEN

Die Zaubernuss oder Hamamelis muss nicht oft beschnitten werden – nur um überhängende oder sich kreuzende Zweige zu entfernen oder um die Pflanze zu verkleinern. Der geeignete Zeitpunkt dafür ist im Frühjahr nach der Blüte. Vergewissern Sie sich vor dem Schnitt, dass die Stelle, an der Sie kürzen wollen, die natürliche Form der Pflanze nicht beeinträchtigt. Verwenden Sie für dickere Äste eine Astschere oder eine Baumsäge.

WICHTIG!

SETZLINGE VEREINZELN

Wenn Samen in Saatschalen jetzt keimen, pikieren Sie die Setzlinge in Modulschalen oder einzelne Töpfe aus. Fassen Sie vorzugsweise die Blätter an, nur bei kräftigeren Keimlingen die empfindlicheren Stängel, und hebeln Sie sie vorsichtig mit einem Spatel oder Bleistift aus der Saatschale.

MAHONIEN BESCHNEIDEN

Denken Sie daran: Umfassende Verjüngungsschnitte und starke Rückschnitte an Bäumen, Büschen, Hecken und Sträuchern, die Nester enthalten können, sind nur bis März erlaubt! Danach ist dies verboten, da sonst brütende Vögel gestört werden könnten. Im April und Mai liefern die gelben Blütenbüschel von Mahonia aquifolium reichlich Nektar und Pollen für Bienen. Die winterblühenden Sträucher mit den stacheligen Blättern treiben nach dem Schnitt gut wieder aus, auch wenn Sie ins kahle Holz schneiden. Die kürzeren Formen wie M. aquifolium können jedes Jahr nach der Blüte um zwei Drittel zurückgeschnitten werden. So bleiben sie kompakt und buschig. Die aufrechteren Formen wie M. japonica müssen nur gelegentlich nach der Blüte gekürzt werden, wenn die Pflanze zu groß wird. Schneiden Sie die Stängel auf die optimale Höhe zurück, am besten so, dass eine natürlichere, gewölbte Form erhalten bleibt.

GUT FÜR INSEKTEN!

EFEU EINKÜRZEN

Halten Sie diese stark wachsende Kletterpflanze in Schach, indem Sie alle Stämme zurückschneiden, die über die Grenzen der gewünschten Wuchsform hinauswachsen. Mit einer (elektrischen) Heckenschere geht es schnell von der Hand, aber die Blätter können zerfleddert werden. Verwenden Sie daher besser für einzelne Ranken eine Gartenschere.

WINTERBLÜHENDES HEIDEKRAUT ZURÜCKSCHNEIDEN

Wenn die alten Blüten der Winter- oder Schneeheide (Gatt. Erica) zu verblassen beginnen, schneiden Sie die alten Blütentriebe der Kleinbüsche bis auf kurze Stummel zurück. Achten Sie darauf, nicht bis ins verholzte Gestrüpp zu schneiden, da das nicht nachwächst und kahle Stellen sichtbar bleiben. Wenn Sie jedes Jahr etwas zurückschneiden, können Sie das verhindern, da die Pflanzen dann schön dicht bleiben.

SCHÖNER SCHNITT!

RHODODENDRON PFLANZEN

Rhododendron bevorzugt sauren Boden mit einem pH-Wert zwischen vier und fünf. Bevor Sie einen jungen Busch pflanzen, ist es ratsam, den pH-Wert des Bodens an dieser Stelle zu testen. Bodentests gibt es in Baumärkten (Gartenabteilung) und in Gartencentern. Entspricht der Wert da, wo Sie Ihren Rhododendron pflanzen möchten, nicht den oben genannten Werten, können Sie den Boden mit speziellen Düngemitteln aus dem Handel ansäuern.

PFLANZENSCHUTZ

Schädlinge bekämpfen: Der Dickmaulrüssler ist ein Käfer, der sich von Blättern und Knospen ernährt. Seine 0,5 bis 1 Zentimeter langen Larven fressen an den Wurzeln von Pflanzen, was zu erheblichen Schäden führen kann. Gegen die Dickmaulrüsslerlarven können jetzt nützliche HM-Nematoden gegossen werden.

Kontrollieren Sie die Blätter überwinterter Malven auf die orangefarbenen Pusteln des Malvenrosts und entfernen Sie die befallenen Pflanzenteile.

Blattlauskolonien an Gewächshaus- oder Freilandpflanzen mit den Fingern von Trieben und Blättern abstreifen oder mit Seifenwasser abspritzen.

SCHNITTGUT KOMPOSTIEREN

Die Rasenmähsaison startet jetzt voll durch. Werfen Sie das Schnittgut nicht einfach in die Bioabfalltonne, sondern verarbeiten Sie es zu Kompost. Damit das Ganze aber nicht zu einer matschigen Angelegenheit wird, mischen Sie den klumpigen Rasenschnitt mit lockereren Materialien und fügen Sie einen Spatenstich Erde hinzu – ein Teil Erde auf fünf Teile Schnittgut.

RASEN MÄHEN

Bei mildem Wetter muss der Rasen einmal pro Woche gemäht werden. Stellen Sie die Klingen auf eine höhere Stufe, damit Frühblüher wie Gänseblümchen blühen können und Bestäubern helfen. Eine moderne Variante ist, diese Arbeit einem Mähroboter zu überlassen. Wenn der einmal installiert und eingestellt ist, müssen Sie nichts weiter tun. Dass das nicht immer ganz einfach ist, hat unser Test vom April 2024 aufgedeckt: Unter test.de/maehroboter finden Sie die Details dazu.

FORSYTHIE ZURÜCKSCHNEIDEN

Dieser beliebte Strauch blüht an den Trieben, die im Vorjahr gewachsen sind. Kürzen Sie nach der Blüte den blühenden Teil bis auf einen Trieb. Alternativ können Sie bei einer größeren Pflanze jedes Jahr einen oder zwei der älteren Triebe an der Basis herausschneiden, um das Wachstum zu fördern und die Pflanze zu erneuern.

5-MINUTEN-PROJEKTE

GEWÄCHSHAUS LÜFTEN

Wintersalat und andere überwinterte Kulturen im Gewächshaus mögen es eher kühl. Wenn Sie morgens sehen, dass es ein sonniger Frühlingstag wird, öffnen Sie rechtzeitig die Lüftungsklappen oder/und Türen. Sie können auch gleich noch den Gewächshausboden kräftig wässern. Durch die Verdunstung entsteht ebenfalls ein kühlender Effekt.

AUSSAATEN KONTROLLIEREN

Prüfen Sie im Gewächshaus täglich Ihre Aussaaten und entfernen Sie sofort welke oder schimmlige Keimlinge, damit sich keine Krankheiten ausbreiten.

STAUDEN TEILEN

Graben Sie zu umfangreiche oder auseinanderfallende Staudenhorste aus und teilen Sie diese mit dem Spaten. Pflanzen Sie die Teilstücke an einem geeigneten Standort sofort wieder ein – so erhalten Sie kostenlos neue Pflanzen.

TOMATEN AUSGEIZEN

Im Gewächshaus brechen oder zwicken Sie jetzt an den Tomatenpflanzen die kleinen Seitentriebe zwischen Haupttrieb und Blättern heraus. So entwickeln sich kräftigere Pflanzen mit größeren Tomaten. Und die recht dicht stehenden Pflanzen bedrängen sich so nicht gegenseitig.

Wenn die Tage wieder freundlicher und sonniger werden, schlägt das Gärtnerherz höher, und es wird fleißig **gegraben**, **gejätet** und **gedüngt**.

NUTZGARTEN

BEETE VORBEREITEN

Insbesondere im Gemüsebeet, wo viele Wurzelgewächse wie Zwiebeln, Kartoffeln und Karotten angepflanzt werden, sollte der Boden vollständig umgeharkt werden. Das entfernt Wurzelreste und Unkräuter, der Boden wird aufgebrochen und gelockert. Dabei auch die Erde im Hochbeet nicht vergessen, bevor neue Pflanzen eingesetzt werden. Hier allerdings nur die oberste Schicht umwälzen. Die tiefer liegenden Schichten lassen Sie im Hochbeet besser unberührt. Bei dieser Gelegenheit können Sie auch gleich einen Langzeitdünger wie zum Beispiel Hornspäne oder Brennnesseln in den Boden einarbeiten. Alternativ geht auch frische Komposterde.

TOMATEN UMTOPFEN

Da Tomatenkeimlinge in der Anzuchtschale schnell wachsen, topft man sie ein, sobald sie gut bewurzelt sind, die ersten Laubblätter haben und etwa 10 bis 15 Zentimeter hoch sind.
Wenn sie so weit sind, nehmen Sie sie vorsichtig aus den Anzuchttöpfchen und pflanzen sie dann um, sodass der Stamm bis zu den ersten echten Blättern mit Erde bedeckt ist. Von diesem tief eingepflanzten Stamm aus entwickeln sie mehr Wurzeln, was im weiteren Wachstum zur Stabilität beiträgt und eine bessere Aufnahme von Nährstoffen und Feuchtigkeit ermöglicht.

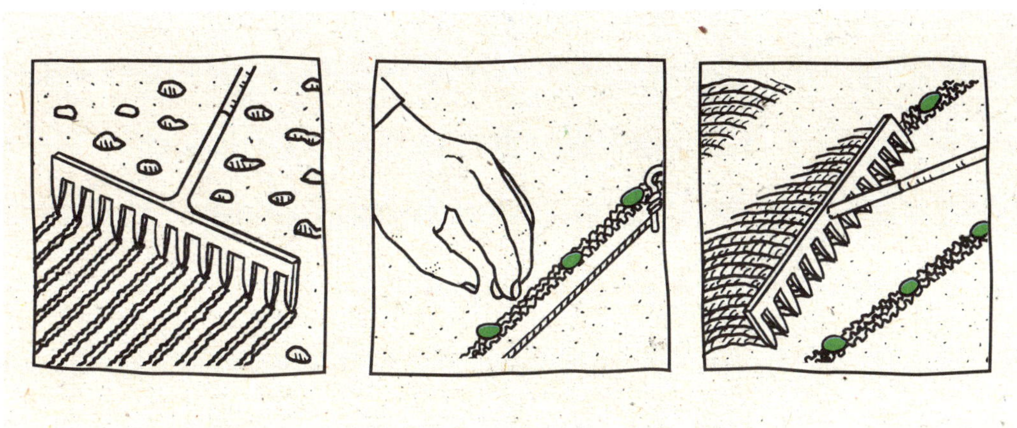

GEMÜSEJUNGPFLANZEN PIKIEREN

Das Timing ist hier entscheidend, um verkümmerte oder langbeinige Sämlinge zu vermeiden. In Aussaatschalen vorgezogene Setzlinge pikieren und diese in Töpfe setzen, sobald sie groß genug sind. So sorgt man dafür, dass sie während des Wachstums genügend Wurzelraum, Feuchtigkeit und Nährstoffe haben. Achten Sie darauf, die Sämlinge beim Ausstechen an den Blättern zu halten, da der Stiel sehr empfindlich ist.

VORSICHTIG VEREINZELN!

IN LETZTER MINUTE

Tomaten aussäen: Tomatenaussaaten aus der ersten Aprilwoche kommen zwar reichlich spät, können sich bei ausreichend Licht, Platz und guter Versorgung aber noch rechtzeitig zu kräftigen Jungpflanzen entwickeln.

WICHTIG!

ACKERBOHNEN STÜTZEN

Die auch als Dicke Bohne, Saubohne oder Puffbohne bekannten Pflanzen (bot. Vicia faba) brauchen Halt. Eine einfache Variante im Garten ist: Man setzt im Beet an jedes Ende einer Reihe einen stabilen Pfahl und dazwischen ein paar weitere. Dann befestigt man Bindegarn an die Enden und führt dieses im Zickzack von Pfahl zu Pfahl, damit die Pflanzen im weiteren Wachstum nicht umkippen oder abknicken.

ROSENKOHL SÄEN

Weihnachten scheint noch weit weg zu sein, aber jetzt ist die Zeit, um Rosenkohl zu säen. Wir säen ihn in einen Topf oder eine Aussaatschale in 1 bis 2 Zentimeter Tiefe aus. Dabei großzügigen Abstand zwischen den Pflanzen einplanen. Die Keimlinge benötigen eine Temperatur von circa 15 bis 20 Grad. Die Setzlinge etwa sechs Wochen später, im Mai/Juni, ins Freie pflanzen.

OBSTBÄUME DÜNGEN

Apfel- und Birnbäume schätzen es sehr, wenn sie im April gedüngt werden. Besonders gut eignet sich hierfür Komposterde. Arbeiten Sie diese gründlich in den Boden rings um den Stamm des Obstbaums ein. Wenn Sie keine Komposterde zur Verfügung haben, können Sie auch ein Düngepräparat mit Langzeitwirkung aus dem Handel verwenden.

ROSMARIN SCHNEIDEN

Rosmarin (bot. Salvia rosmarinus; auch: Rosmarinus officinalis) sollten Sie jedes Jahr in Form bringen, damit der mediterrane Halbstrauch kompakt wächst und unten nicht kahl wird. Rosmarin blüht relativ früh im Jahr an den Zweigen des letzten Jahres. Zurückgeschnitten wird er nach der Blüte, also je nach Region zwischen Ende April und Mai. Wenn Sie keinen Wert auf die Blüten legen, können Sie die Pflanzen natürlich auch schon vorher im Frühjahr schneiden.

Entfernen Sie dazu alle neuen Triebe aus dem Vorjahr bis auf wenige Zentimeter lange Restabschnitte. Das ist wichtig, weil das alte, unbelaubte Holz nur sehr schlecht wieder austreibt. Rosmarin ist kaum in der Lage, die schlafenden Augen (Knospen) an den älteren Ästen wieder zu aktivieren.

Wenn der Strauch mit der Zeit zu dicht wird, können Sie einzelne Triebe ganz rausnehmen.

Hinter Glas geschützt steht bereits die **erste Ernte** an, während zeitgleich weitere **Jungpflanzen** auf ihren Einsatz im Freiland warten.

GEWÄCHSHAUS

FRÜHBEET RÄUMEN

Ab nächsten Monat füllt sich das Frühbeet mit zarten Pflanzen, die vor dem Auspflanzen abgehärtet werden müssen. Entfernen Sie Pflanzenreste, die sich noch im Frühbeet befinden, und kehren Sie abgestorbene Blätter zusammen, damit das Frühbeet bereit ist.

WINTERHARTES GEMÜSE PFLANZEN

Jetzt kann man im Gewächshaus winterhartes Gemüse ansäen, um kräftige Pflanzen zu bekommen, die schnell anwachsen. Im April gehen dafür unter anderem Rote Bete, Mangold, Salat, Erbsen, Radieschen, Spinat, Kohlrüben und Steckrüben.

ZARTES GEMÜSE AUSSÄEN

In diesem Monat können Sie im Gewächshaus auch empfindlichere Gemüsesorten wie Gurken, Zucchini, Melonen, Freilandtomaten und Kürbisse säen. Bevor sie ins Freiland kommen, sollten sie in einem Frühbeet an die kälteren Temperaturen gewöhnt werden.

PROJEKT DES MONATS

SECHS SCHNELLE STAUDEN

Mit schnell wachsenden Stauden können Sie den Garten einfach verschönern. Wenn Sie unbepflanzte Stellen im Beet möglichst zügig zum Blühen bringen möchten, wählen Sie gezielt Pflanzen mit „Turbowuchs".

Hier stellen wir sechs dekorative Stauden vor, die in kurzer Zeit keimen und oft schon nach wenigen Wochen Blüten tragen.

Wichtiger Hinweis: Viele Stauden sind Kaltkeimer, sie benötigen eine Kältebehandlung (Stratifikation) als Startsignal für die Keimung. Vor der Aussaat behandeln Sie die Samen 4 bis 6 Wochen im Kühlschrank vor.

SO GEHT'S

1 Bereiten Sie den Boden vor, indem Sie die Erde hacken, Unkraut jäten und mit einem Rechen feinkrümelig glatt ziehen.

2 Die Samen gemäß Packungsanleitung oder Erfahrung auf dem Boden verteilen.

3 Anschließend die lockere Krume mit der Rechenrückseite einebnen, leicht andrücken und mit der feinen Brause angießen.

SIE BRAUCHEN

- **Saatgut: selbst gesammelt oder möglichst aus biologischem Anbau**
- **Gute Gartenerde, wasserdurchlässig**
- **Sonnige bis halbschattige Standorte**
- **Hacke**
- **Rechen**
- **Gießkanne mit Brauseaufsatz**

KATZENMINZE

Die Katzenminze (bot. Nepeta x faassenii) mit silbergrünen Blättern und violetten, blauen, weißen oder rosa Blütenständen erreicht ihre volle Höhe (bis zu 1,40 Meter) innerhalb eines Jahres.
Blütezeit: je nach Sorte Ende April bis in den September
Standort: sonnig
Boden: sandig, karg bis nährstoffreich, gut durchlässig

MÄDCHENAUGE

Mädchenaugen (Gatt. Coreopsis) sind für ihre ursprünglich leuchtend gelben Blüten und die üppigen, buschig angeordneten Blütenblätter bekannt. Diese Stauden keimen oft schon 14 bis 21 Tage nach der Aussaat (März oder April).
Blütezeit: Juni bis Oktober
Standort: warm und vollsonnig
Boden: locker, gut durchlässig, viel Humus

KOKARDENBLUME

Kokardenblumen (Gatt. Gaillardia) werden wegen ihres bunten Äußeren auch als „Malerblumen" oder „Papageienblumen" bezeichnet. Die Keimdauer der Kokardenblumen beträgt nur 7 bis 14 Tage bei Aussaat im Freiland ab Ende April.
Blütezeit: Juni bis Oktober
Standort: sonnig, windgeschützt
Boden: locker, nährstoffreich, viel Humus, kein Lehm

SONNENHUT

Sonnenhut (Gatt. Rudbeckia). Die Gattung hat 16 bekannte Arten. Die Samen keimen nach einer Kältebehandlung in 7 bis 21 Tagen, und die Pflanze blüht oft schon im ersten Jahr.
Blütezeit: je nach Art und Sorte Juli bis Oktober
Standort: am besten vollsonnig
Boden: nährstoffreich, nicht zu trocken

LUPINEN

Die vielblättrige Lupine (bot. Lupinus polyphyllus) wird im Mai/Juni oder Ende August ausgesät. Sie keimt in 14 bis 21 Tagen und blüht oft im ersten Jahr nach 3 bis 4 Monaten.
Blütezeit: je nach Sorte vom späten Frühling bis in den Sommer hinein
Standort: vollsonnig, windgeschützt
Boden: geeignet auf fast allen Böden

WALD-AKELEI

Die Samen der Wald-Akelei (auch Gemeine Akelei, bot.: Aquilegia vulgaris) keimen nach einer Kältebehandlung in 14 bis 28 Tagen, wenn Sie den Boden schön feucht halten. Die Pflanzen blühen oft schon im ersten Jahr.
Blütezeit: Mai bis Juli
Standort: halbschattig bis schattig
Boden: gut durchlässig, locker

Der Mai wird nicht umsonst als **Wonnemonat** bezeichnet. Die Pflanzenwelt legt den Turbo ein, und auch alle Tiere im Garten sind von früh bis spät aktiv.

MAI

WAS GIBT ES JETZT ZU TUN?

ZIERGARTEN

Frostempfindliche Sommerknollen pflanzen

Dahlien entspitzen und auspflanzen

Tulpen enthaupten

Bienenfreundliche Sommerblumen aussäen

Glockenblumen enthaupten

Flieder stutzen

Narzissen pflegen

Immergrüne Sträucher pflegen

Algen aus dem Teich fischen

Säckelblume in Form schneiden

NUTZGARTEN

Beetflächen mulchen

Unkraut entfernen

Spargel ernten

Kartoffeln anhäufeln

Empfindlichere Gemüse pflanzen

GEWÄCHSHAUS

Gewächshaus kühlen

Pflanzen abhärten

Kulturenwechsel im Glashaus

Winterhartes Gemüse pflanzen

Wärmeliebende Küchenkräuter setzen

Tomaten im Gewächshaus anbauen

Blumenampel bepflanzen

Mal was Neues: Johannisbeertomaten

PROJEKT DES MONATS

Engerlinge: Nützliche und schädliche

DER WONNEMONAT LOCKT INS GRÜNE

Bald sind die gefürchteten Eisheiligen vorüber, und die Natur zeigt sich von ihrer schönsten Seite. Jeden Tag können wir neue Entwicklungen beobachten, sei es das Aufgehen einer Blütenknospe, das zarte Grün an Baum und Strauch oder das geschäftige Treiben der Tiere. Jetzt können wir die ersten Erfolge unserer Gartenarbeit bestaunen.

Himbeeren können durch ihre unterirdischen Ausläufer schnell große Flächen erobern. Reißen Sie jetzt „auftauchende" unerwünschte Triebe aus.

Die Blütenfülle erreicht beim Rhododendron im Mai ihren Höhepunkt.

Einige Clematissorten (Waldrebe) öffnen im Mai bereits ihre beeindruckenden lila oder weißlila Blüten.

Im Mai stehen Rhododendren und Azaleen in voller Blüte und leuchten in intensivem Rosa, strahlendem Weiß oder tiefem Violett. Der Flieder verströmt seinen intensiven Duft, der an lauen Abenden durch den ganzen Garten zieht. Jetzt ist die Zeit gekommen, um frostempfindliche Einjährige wie Begonien,Fleißige Lieschen und Petunien im Freien zu pflanzen. Diese werden bis zum ersten Frost für kontinuierliche Farbakzente sorgen.

Die ersten Pfingstrosen bilden ihre dicken Knospen, die schon bald in üppigen Blüten aufgehen werden. Iris und Lupinen strecken ihre imposanten Blütenstände aus dem Beet, während die bläulichen Blüten der Katzenminze Bienen und Schmetterlinge anlocken. Im Gartenteich treibt das Grün kräftig aus, und vielleicht entdecken Sie bereits die ersten Kaulquappen zwischen den Unterwasserpflanzen.

Die Obstbäume haben ihre Blütezeit meist hinter sich, an den Zweigen bilden sich bereits die ersten kleinen Früchte. Auch die Beerensträucher – Johannisbeeren, Stachelbeeren und Himbeeren – stehen jetzt in voller Blüte. Im Gewächshaus können Sie weiterhin wärmeliebende Pflanzen vorziehen, während die bereits größeren Jungpflanzen ins Freie umziehen.

Die warmen Temperaturen aktivieren verschiedene Schädlinge. Besonders Blattläuse können jetzt im Massen auftreten, am liebsten an jungen Trieben von Rosen und anderen Pflanzen.

Beobachten Sie zwischendurch die heimischen Vögel – Amseln, Meisen und Rotkehlchen haben bereits ihre ersten Bruten aufgezogen und beginnen oft mit der zweiten. Verschieben Sie deshalb größere Schnittarbeiten an Hecken auf die Zeit nach der Brutperiode. Mit etwas Glück hören Sie abends die Nachtigall ihre Lieder schmettern. Igel sind gute Helfer im Kampf gegen Schnecken. Manchmal können Sie sie nachts dabei grunzen und schmatzen hören. Lassen Sie ihnen ein paar Durchschlupfmöglichkeiten durch den Gartenzaun, um ihre nächtliche Futtersuche zu den Nachbarn ausdehnen zu können.

Nahrungsquellen wie Flieder, Sommerflieder und duftende Kräuter locken Schmetterlinge wie Zitronenfalter, Tagpfauenauge und den Kleinen Fuchs an. Auch die ersten Bienen sind wieder fleißig unterwegs – von der Honigbiene bis zu den verschiedenen Wildbienenarten. Ein naturnaher Garten mit vielfältigen Blütenpflanzen bietet ihnen reiche Nahrung.

MIT WONNE IN DIE SONNE!

Hier spielt sich eine der zahlreichen **Zierapfelsorten** (Gatt. Malus) mit ihren pinkfarbenen Blüten in den Vordergrund. Ein Fest für Bienen und Hummeln.

ZIERGARTEN

FROSTEMPFINDLICHE SOMMER-KNOLLEN PFLANZEN

Einige Sorten der Montbretien wie die beliebte ‚Lucifer' ertragen zwar Fröste bis etwa -15 °C, die meisten Sorten überwintern aber in der Regel als Knollen an geschützten Orten. Sommerblühende Knollenpflanzen wie Gladiolen (Gatt. Gladiolus), Dahlien (Gatt. Dahlia), Freesien (Gatt. Freesia), Sommerhyazinthen (Gatt. Galtonia) und Sterngladiolen (bot. Gladiolus callianthus murielae) können Sie jetzt auspflanzen. Eingetrocknete Knollen von Dahlien und Montbretien (Gatt. Crocosmia) weichen Sie vorher gründlich in Wasser ein.

DAHLIEN ENTSPITZEN UND AUSPFLANZEN

Wer seine Dahlien in Töpfen oder Kisten vorgezogen hat, knipst jetzt die Triebspitzen über einem Blattpaar heraus, wenn die Pflanzen etwa eine Handbreit hoch sind. Das regt die Pflanze an, sich zu verzweigen. Die Dahlie wird dann buschiger und treibt mehr Knospen. Man nennt diese Technik auch Pinzieren. Wenn Sie die Dahlien in den Garten pflanzen, sollten Sie sie 10 bis 15 Zentimeter tief setzen und gut angießen. Dahlien wachsen sehr schnell, sie brauchen in dieser Zeit reichlich Dünger.

TULPEN ENTHAUPTEN

Wenn die Tulpenblüten (und die anderer Zwiebelblumen) welk geworden sind, sollten die anschwellenden Samenkapseln entfernt werden. So verwenden die Pflanzen keine unnötige Kraft für die Bildung von Samen, sondern können alle Energie für das nächste Jahr in die Zwiebeln investieren.

BIENENFREUNDLICHE SOMMERBLUMEN AUSSÄEN

WICHTIG!

Nach den Eisheiligen ist der ideale Zeitpunkt, um bienenfreundliche Sommerblumen wie Schmuckkörbchen (bot. Cosmos bipinnatus), Kornblumen (bot. Centaurea cyanus), Ringelblumen (bot. Calendula officinalis), Kapuzinerkresse (bot. Tropaeolum majus) und Sonnenblumen (Gatt. Helianthus) ins Freiland zu säen. Mit ihnen können Sie auch gezielt Lücken in einem sonnigen, warmen Blumenbeet füllen. Das Saatgut wird am besten mit einem Brett leicht angedrückt und dünn mit Erde bedeckt. Halten Sie die Samen nach dem Aussäen bis zur Keimung gut feucht – idealerweise mithilfe einer Brause. Bereits nach wenigen Wochen sprießen die Sommerblumen in die Höhe und bezaubern mit ihren leuchtenden Blüten. Haben Sie Jungpflanzen bereits vorgezogen, kommen die jetzt ebenfalls ins Freie.

GLOCKENBLUMEN ENTHAUPTEN

Glockenblumen (Gatt. Campanula) sind sehr artenreich und vergleichsweise anspruchslos. Die früh blühenden Stauden der Zuchtsorten können sich sehr stark selbst aussäen, die daraus entstehenden Nachkommen sind aber nicht immer so attraktiv wie ihre Eltern. Wenn Sie diese unkontrollierte Ausbreitung nicht wollen, schneiden Sie die Blüten ab, sobald sie verblüht sind.

FLIEDER STUTZEN

Auch wenn der Flieder gegen Ende Mai verblüht ist, lohnt sich ein Griff zur Gartenschere für einen Erhaltungsschnitt. Wenn Sie verblühte Blütenstände entfernen und die Samenbildung dadurch verhindern, steckt die Pflanze die Energie in neue Blütenknospen für das nächste Jahr. Schneiden Sie die verwelkten Blütenrispen dazu oberhalb von zwei gut ausgebildeten Seitenknospen zurück. Zusätzlich kann jetzt ein leichter Formschnitt auch die Silhouette des Strauchs erhalten und verbessern.

WICHTIG!

NARZISSEN PFLEGEN

Narzissen gehören zu den schönsten und auch besten Zwiebelblühern im Garten. Sie sind sehr vielfältig und werden nicht von Wühlmäusen gefressen. Die Vielfalt der Sorten repräsentieren ‚Love You More' mit reinweißen großen Blüten, ‚Sailboat' mit gelblichen kleinen Blüten, ‚Actaea' mit langer Blütezeit sowie ‚Thalia', die Engelstränennarzisse (bot. Narcissus triandrus) mit ihrem intensiven Duft. Wenn sie austreiben, mögen Narzissen einen organischen Volldünger. Verblühtes entfernen Sie, damit die Kraft nicht in die Samenbildung geht. Und lassen Sie das Laub komplett vergehen, bevor es entfernt wird, damit die Kraft zurück in die Zwiebel gehen kann.

IMMERGRÜNE STRÄUCHER PFLEGEN

Diese benötigen nur wenig Pflegeschnitt, außer zum Entfernen von toten oder beschädigten Ästen. Sie können auch alle Äste einkürzen, die die gewünschte Form der Pflanzen stören. Einige vertragen einen kräftigen Rückschnitt, wenn sie zu stark wuchern, wie zum Beispiel Aukuben (auch: Goldorangen), Lorbeer und Kamelie. Andere sollten schonender über drei Jahre hinweg um jeweils ein Drittel zurückgeschnitten werden.
Bei immergrünen Sträuchern wie Rhododendron, die mitten im Frühjahr blühen, sollten Sie allerdings warten, bis sie ihre Blütezeit beendet haben.

ALGEN AUS DEM TEICH FISCHEN

In Teichen findet man Fadenalgen vor allem im Frühjahr und Frühsommer. Sie sind zu Beginn der Vegetationsperiode am wüchsigsten, wenn steigende Temperaturen, zunehmende Tageslänge und ein hohes Nährstoffangebot das Wachstum fördern. Massen von feinen, haarähnlichen hellgrünen Strängen bilden watteartige Klumpen im Wasser und gefährden das ökologische Gleichgewicht des Teiches. Fischen Sie die Pflanzen heraus, die Sie vorfinden. Entfernen Sie regelmäßig heruntergefallenes Laub und füllen Sie den Teich immer wieder auf. Wenn Sie Fische haben wollen, lassen Sie sich beraten, welche Arten den Nährstoffgehalt des Wassers am wenigsten erhöhen. Um die Probleme zu vermeiden, setzen Sie Wasserpflanzen ein, die mindestens ein Drittel der Wasseroberfläche bedecken.

SÄCKELBLUME IN FORM SCHNEIDEN

Der Ceanothus (Immergrüne Säckelblume) ist ein dekorativer Strauch aus Nordamerika. Mit seinen kräftig grünen Blättern und den tiefblauen Blüten bringt er im Frühsommer Farbe in den Garten und erzielt auch im Winter durch das immergrüne zierliche Laub seine schmückende Wirkung. Die robusteste dieser schönen Strauchpflanze, Ceanothus impressus ‚Victoria', friert ab -18 Grad zurück, erholt sich dann aber gut bei entsprechender Mulchung. Die Säckelblume fühlt sich bei uns ansonsten wohl an windgeschützten, sonnigen Standorten. In sehr winterkalten Regionen kann man empfindlichere Sorten auch im Kübel halten. Bringen Sie diese Büsche oder Kleinbäume in Form, indem Sie sie bis ins grüne Holz zurückschneiden.

Hier kommen vorgezogene **Mangoldpflanzen** ins Freiland. Der Mai steht für Feinschmecker unter den Hobbygärtnern aber im Zeichen der **Spargelernte**.

NUTZGARTEN

BEETFLÄCHEN MULCHEN

Gegen die Austrocknung des Bodens und die Nahrungskonkurrenz durch aufschießende Wildkräuter können Sie die (Gemüse-)Beete mit einer dünnen Schicht mulchen. Dafür eignen sich als Alternative zum Stickstoff bindenden Rindenmulch auch Stroh, Mulchvlies, Holzhäcksel, Rindenkompost, Gründüngungspflanzen, aber auch Grasschnitt, der vorher gut abtrocknen sollte. Eine 3 bis 5 Zentimeter dicke Mulchschicht ist meist optimal.

UNKRAUT ENTFERNEN

Es ist wichtig, das Unkraut im Zaum zu halten, denn es scheint im Handumdrehen wieder zu sprießen. Bewährt haben sich Gartenmesser mit breiter Klinge wie das japanische Hori-Hori-Messer, um die Wurzeln der hartnäckigeren Unkräuter zu entfernen, damit sie nicht nachwachsen. Einjähriges Unkraut können Sie an einem trockenen, sonnigen Tag ausstechen und abräumen oder auch einfach liegen lassen, damit es sich ganz natürlich zersetzt.

SPARGEL ERNTEN

Spargel braucht seine Zeit, um genügend Energie für die erste Ernte anzusammeln. Geben Sie den Pflanzen zwei Jahre, damit sie sich kräftig entwickeln können. Ab dem dritten Jahr können Sie die Triebspitzen, die sogenannten Stangen, etwa 2,5 Zentimeter unterhalb der Erdoberfläche abschneiden. Die Erntesaison beginnt bei günstigem Wetter Mitte April und dauert etwa sechs Wochen, danach müssen sich die Pflanzen erholen. Die Stangen sind am aromatischsten, wenn sie eine Länge von etwa 18 Zentimetern erreicht haben. Manche Feinschmecker bevorzugen auch die grünen Triebspitzen vom Spargel.

WEIß ODER GRÜN?

5-MINUTEN-PROJEKTE

IMMERGRÜNE ZIERGRÄSER PFLEGEN

Ziehen Sie bei immergrünen Gräsern wie Federgras (Stipa) und Schwingel-Arten (Festuca) die älteren Blätter und Blütenstiele mit Handschuhen heraus. Oder verwenden Sie eine Harke, um sie auszustechen.

ROSEN DÜNGEN UND MULCHEN

Streuen Sie Kompost oder Rosendünger um die Rosenstöcke und bedecken Sie den Boden mit Rindenmulch. Das versorgt die Pflanzen mit Nährstoffen und hält die Feuchtigkeit.

SCHÄDLINGE KONTROLLIEREN

Schauen Sie im Gewächshaus unter die Blätter nach Blattläusen oder weißen Fliegen. Bei der Früherkennung helfen Gelbtafeln, die zwischen den Pflanzen aufgehängt werden und mit ihren klebrigen Oberflächen Schädlinge abfangen können.

GURKEN ENTSPITZEN

Entfernen Sie im Gewächshaus bei Gurkenpflanzen die ersten Seitentriebe unterhalb der sechsten Blattachsel des Haupttriebs. Das fördert ein kräftiges Wachstum und verhindert, dass sich die Pflanzen zu früh verausgaben.

PFLANZENSCHUTZ

Kohlfliege und Möhrenfliege: Die Larven der Kohlfliege schädigen die Wurzeln der Kohlgewächse. In günstigen Jahren schlüpfen drei Generationen im Mai, Juli und September. Legen Sie engmaschige Vliese und Netze zur Bekämpfung aus. Entsprechend Möhren vor der Möhrenfliege schützen. Lauch und Zwiebeln im gemeinsamen Beet können den Schädling vertreiben.

KARTOFFELN ANHÄUFELN

Dazu wird die Erde an den Stämmchen der jungen Pflanzen hochgezogen. Das ist eine wichtige Arbeit, denn so werden die Triebe nicht so leicht durch Frost beschädigt. Außerdem wird die Pflanze dadurch angeregt, mehr Kartoffeln zu produzieren, und es wird verhindert, dass Sonnenlicht auf die sich entwickelnden Knollen fällt und sie grün färbt. Das Anhäufeln erfolgt idealerweise bei trockenem Wetter, wenn die Pflanzen etwa 15 bis 20 Zentimeter hoch sind. Wiederholen Sie den Vorgang alle zwei bis drei Wochen.

WICHTIG!

EMPFINDLICHERE GEMÜSE PFLANZEN

Ab Mitte Mai ist es im Allgemeinen sicher, empfindlichere Pflanzen wie Tomaten, Kürbisse, Stangenbohnen und Zucchini ins Freiland zu pflanzen. Für die schnellere Keimung Erbsen, Bohnen und Mais vor der Aussaat eine Stunde in lauwarmem Wasser vorquellen.
Ob selbst vorgezogen oder gekauft: Ab Mitte Mai können Paprika, Chili und Tomaten ins Freie gepflanzt werden. Zwischen den einzelnen Gemüsepflanzen am besten Abstände von mindestens 50 mal 60 Zentimetern einhalten, damit die Pflanzen genügend Raum zum Wachsen haben.
Für Tomatenpflänzchen graben Sie das Pflanzloch relativ tief. Wenn der Wurzelansatz der Pflanzen fünf bis zehn Zentimeter hoch mit Erde bedeckt ist, können sich um den bedeckten Stängelabsatz zusätzliche Wurzeln bilden. Eine Ausnahme bilden veredelte Tomaten: Bei ihnen sollte der Topfballen gerade noch sichtbar sein. Wie immer die Pflänzchen in der Erde gut anwässern und bei hoch wachsenden Tomaten einen Stützstab zur Seite stellen.
Gewöhnlich nach den Eisheiligen sind vorgezogene Gurken, Zucchini, Kürbisarten, Neuseeländer Spinat und Sellerie (Knollen, Bleich- und Schnittsellerie) dran, Letzterer durchaus auch noch gegen Ende Mal bis Anfang Juni.
Alle Setzlinge vor dem Auspflanzen gut abhärten, damit sie danach zügig weiterwachsen. Unabhängig von den Eisheiligen ist im Beet draußen Pflanzzeit für alle Kopfkohlarten, Blumenkohl, Brokkoli, Kohlrabi, Kopfsalat, Bindesalat, Fenchel, Porree, auch schon Rosenkohl, denn neue Züchtungen haben eine ausgesprochen lange Entwicklung. Die Pflanzen bedanken sich für ein schützendes Vlies, das Spätfrost fernhält.

RAUS IN DIE BEETE!

Im Gewächshaus bewegt sich was! Vorgezogene Pflanzen kommen raus ins Freie, empfindlichere Gewächse finden hier **beste Wachstumsbedingungen**.

GEWÄCHSHAUS

GEWÄCHSHAUS KÜHLEN

Schattieren Sie das Gewächshausglas mit Netzen oder Schattierfarbe auf den Glasflächen, um die Temperaturen im erwünschten Bereich zu halten.

KULTURENWECHSEL IM GLASHAUS

Wenn einige Kulturen aus dem Gewächshaus ins Freie umziehen, schafft das Platz für Gurken, Melonen und Paprika als besonders wärmeliebende Kulturen. Zur Sommernutzung eines Kleingewächshauses eignen sich neben Tomaten vor allem Gurken und Paprika.

PFLANZEN ABHÄRTEN

Wenn man Setzlinge, die ihr Leben im Gewächshaus verbracht haben, behutsam an die Außenwelt gewöhnt, verringert sich die Gefahr eines Schocks, wenn sie in die Beete ausgepflanzt werden. Für den Umzug nehmen Sie diese aus dem Gewächshaus heraus und stellen sie in den Frühbeetkasten, der noch eine kontrollierte Umgebung ermöglicht. Wenn es kühl ist, schließt man die Deckel, tagsüber lässt man sie nach Möglichkeit offen. So können die Pflanzen im Luftzug pendeln und kräftige Wurzeln bilden, sich an das Sonnenlicht und die Außentemperaturen gewöhnen. Das machen Sie etwa zwei Wochen lang, bis die Pflanzen bereit sind, ins Freilandbeet umzuziehen.

WINTERHARTES GEMÜSE PFLANZEN

Winterhartes Gemüse, das jetzt gepflanzt wird, liefert im Spätherbst und Winter Erträge. Beginnen Sie mit der Anzucht in Modulen im Gewächshaus und pflanzen Sie sie dann ins Freie. So ist Mangold sehr robust und wird auch im Winter noch gedeihen. Auch Grünkohl, Rosenkohl und Winterlauch trotzen Frost problemlos und bereichern den Speiseplan.

WÄRMELIEBENDE KÜCHENKRÄUTER SETZEN

Auch wärmebedürftige Küchenkräuter wie Majoran und Basilikum sind nun dran. Für Basilikum reserviere man ein Plätzchen im Frühbeet oder Kleingewächshaus. Es verkühlt sich leicht und verträgt nicht viel Regen.

PFLANZENSCHUTZ

Ausreichender Abstand zwischen den Pflanzen im Gewächshaus sorgt für eine gute Luftzirkulation zur Vermeidung von Krankheiten wie etwa Grauschimmel (Botrytis). Optimieren Sie gegebenenfalls die Belüftung durch automatische Lüftungsöffner. Als Prävention gegen Schädlinge können Sie gezielt Schlupfwespen, Raubmilben oder andere Nützlinge ansiedeln.

TOMATEN IM GEWÄCHSHAUS ANBAUEN

Da es manchmal schwierig ist, Tomaten im Freien mit gutem Erfolg anzubauen, können Sie sie im Gewächshaus in tiefen Trögen kultivieren, in denen ihre Wurzeln viel Platz haben. Stellen Sie die Tröge parallel in Reihe auf, entsteht ein Tomatentunnel, durch den man gehen und gleichzeitig die Früchte ernten kann. Das ist praktisch und köstlich gleichermaßen! Achten Sie dabei auf regelmäßige Belüftung und gleichmäßige Bewässerung. Die optimale Temperatur liegt zwischen 18 und 24 Grad.

BLUMENAMPEL BEPFLANZEN

Anfang Mai ist ein guter Zeitpunkt, um im Gewächshaus Blumenampeln zu bepflanzen. Die Pflanzen entwickeln sich optimal, wenn sie in ihren ersten Wochen bis Ende Mai hinter Glas gut geschützt und hell hängen. Konische Ampeln mit ihrem großen Erdvolumen eigenen sich besonders gut als Gefäß.

MAL WAS NEUES: JOHANNISBEERTOMATEN

Die kleinen Früchte von Johannisbeertomaten sind zuckersüß, gesund und bekommen keine Braunfäule. Die Pflanzen sind pflegeleicht und robust, was sie zu einer guten Wahl für Anfänger macht. Diese Wildtomaten sollte man genau wie Buschtomaten nicht ausgeizen, also die Seitentriebe nicht entfernen. Sie sollen schön buschig wachsen. Tomatensorten wie ‚Golden Currant' oder ‚Rote Murmel' säen sich oft von allein weiter aus. Ihre kompakte Wuchsform macht sie ideal für kleine Gärten oder Kästen auf Terrassen. Die Ernte beginnt bereits im Juli und dauert bis zum ersten Frost. Besonders Kinder lieben die kirschgroßen Früchte als gesunden Snack direkt vom Strauch. Ein sonniger Standort und regelmäßiges Gießen genügen völlig für eine reichhaltige Ernte.

KLEIN, ABER FEIN!

PROJEKT DES MONATS

ENGERLINGE: NÜTZLICHE UND SCHÄDLICHE

Engerlinge sind die Larven von Blatthornkäfern. Sie leben jetzt in einer Bodentiefe von etwa 5 bis 10 cm, wo sie sich von den Wurzeln unterschiedlichster Pflanzen ernähren. Gerade bei jungen Pflanzen im Frühling kann das Probleme machen.

SO GEHT'S

Engerlinge leben zwei bis vier Jahre im Boden, bevor sie sich verpuppen und der Käfer schlüpft. Typisch sind – im Gegensatz zu Maden – ihr sichtbarer Kopf und die langen, angewinkelten Beinpaare.

DIE NÜTZLINGE

Die Larven von Rosenkäfern (Bild S. 93: Cetonia aurata) und Nashornkäfern (Oryctes nasicornis) ernähren sich hauptsächlich von Totholz, abgestorbenen Wurzeln und Laub. Diese Engerlinge sind nützliche und geschützte Arten.

Die Larven der Rosenkäfer werden etwa drei Zentimeter lang. Der Hinterleib ihres Körpers verdickt sich nicht wie bei den Mai- oder Junikäferlarven, sondern verjüngt sich. Sie bewegen sich ausschließlich in Rückenlage fort.

Auch die Engerlinge der Nashornkäfer sind zum Glück gut zu erkennen und von den Schädlingen zu unterscheiden: Ihre Körper werden bis zu zehn Zentimeter lang.

Larve des Rosenkäfers

Larve des Nashornkäfers

DIE SCHÄDLINGE

Die Engerlinge der Maikäfer (Melolontha melolontha) und Junikäfer (Amphimallon solstitiale) sehen optisch fast gleich aus. Die Larven beider Käfer werden etwa fünf bis sieben Zentimeter lang und haben eine gelblich-helle Färbung mit einem dunklen Hinterleib.

Den Gartenlaubkäfer-Engerling (Phyllopertha horticola) kann man gut an seiner Größe erkennen: Der Körper wird nur etwa einen Zentimeter lang. Dadurch ist er zwar schwerer im Erdreich zu entdecken, dafür richtet er aber auch weniger Schaden an als die Engerlinge von Maikäfer und Junikäfer.

Sind Sie sich sicher, dass es sich bei den gefundenen Engerlingen um Schädlinge handelt, können Sie diese einfach mit der Hand aus der Erde klauben. Das ist die einfachste und effektivste Maßnahme zur Bekämpfung.

Alternativ können Sie Nematoden (Heterorhabditis bacteriophora) zur Bekämpfung einsetzen.

Denken Sie auch daran, nach Engerlingen im Blumentopf zu suchen. Auch hier können sich die unbeliebten Gäste verstecken.

Larve des Maikäfers

Larve des Gartenlaubkäfers

Perfekt für:
Vermeidung von Schäden durch die gefräßigen Engerlinge des Maikäfers, Juni- und Gartenlaubkäfers.

Im Juni wetteifern fast alle Zierpflanzen mit unterschiedlichen **Formen** und **Farben** um möglichst viele fliegende Besucher für eine erfolgreiche Bestäubung.

JUN

WAS GIBT ES JETZT ZU TUN?

ZIERGARTEN

Empfindliche Pflanzen ins Freie setzen
Kurzlebige Stauden stehen lassen
Stauden mit Stäben stützen
Hortensien vermehren
Akeleien im Zaum halten
Winterharte Geranien zurückschneiden
Schnell wachsende Hecken stutzen
Früh blühende Stauden köpfen
Früh blühende Sträucher schneiden
Buntblättrige Sträucher pflegen
Rasenpflege
Unkraut entfernen

NUTZGARTEN

Lauch ins Freiland setzen
Radieschen nachsäen
Empfindliche Gemüse pflanzen
Tomaten ausgeizen
Gießzeiten im Freien
Gemüse ernten
Ins Beet säen und auspflanzen

GEWÄCHSHAUS

Gewächshaus kühlen
Salate regelmäßig aussäen
Gemüse richtig gießen
Tomaten anbinden

PROJEKT DES MONATS

Wasserspiel selbst bauen

HOCHSOMMER IM GARTENPARADIES

Im Juni ist Sommer-Sonnenwende und überall um uns herum pulsiert das Leben. Es ist die Zeit, in der wir die ersten Früchte unserer Arbeit ernten können. Der Juni ist ein Monat des Genießens, aber auch der intensiven Gartenpflege, denn bei diesen idealen Wachstumsbedingungen entwickelt sich alles prächtig, nicht nur das Erwünschte.

Frische Petersilie verfeinert viele Gerichte in der Küche.

Gazanien (bot. Gazania rigens) erstrahlen mittags in bunter Vielfalt.

Bei zu reichem Fruchtansatz dünnen Sie schlecht entwickelte Äpfel aus.

Rote und weiße Johannisbeeren kann man meist ab Mitte Juni naschen, schwarze Johannisbeeren reifen oft etwas später im Juli aus.

Die mehrfach blühenden Rosensorten erfreuen jetzt unser Gärtnerherz, und ihr Duft erfüllt den Garten. Imposante Pfingstrosen fallen mit üppigen Blüten in Weiß, Rosa und tiefem Rot ins Auge. Die Iris stehen in voller Blüte, während die ersten Taglilien ihre bunten Kelche der Sonne entgegenstrecken. Jetzt können Sie die letzten frostempfindlichen Sommerblumen pflanzen. In den Staudenbeeten recken sich Lupinen, Rittersporn und Stockrosen in die Höhe und brauchen möglicherweise eine Stütze gegen Sommergewitter. Die verschiedenen Glockenblumen läuten den Hochsommer ein, und der Lavendel beginnt, seine aromatischen Blütenstände zu entwickeln.

Im Gartenteich öffnen Seerosen ihre ersten Blüten, das Wasser ist voller Aktivität. Libellen tanzen über die Oberfläche, und vielleicht können wir die ersten jungen Frösche oder Kröten beobachten.

Im Nutzgarten entwickeln sich die im Mai gepflanzten Tomaten, Paprikas und Auberginen prächtig. Die ersten Frühkartoffeln, Erbsen und Bohnen sind erntereif. Basilikum, Petersilie, Schnittlauch und alle anderen Kräuter können jetzt regelmäßig beerntet werden. Erdbeeren versüßen bereits den Juni, und die ersten Johannisbeeren und Stachelbeeren können von den Sträuchern gepflückt werden.

Das Gewächshaus wird im Juni schnell zur Hitzekammer. Sie können das nutzen, um wärmeliebende Kulturen wie Melonen, Auberginen oder exotische Kräuter zu kultivieren. Die warme, oft schwüle Witterung schafft aber auch ideale Bedingungen für Pilzkrankheiten. Achten Sie auf typische Krankheitszeichen.

Die Blattlauspopulation erreicht jetzt oft ihren Höhepunkt. Zum Glück dezimieren ihre natürlichen Feinde wie Marienkäfer, Florfliegen und deren Larven die Kolonien erheblich. Sammeln Sie Nacktschnecken regelmäßig ab, besonders nach Regenschauern. Nematoden gegen Schnecken sind eine umweltfreundliche Alternative zu chemischen Bekämpfungsmitteln.

Viele Vogelarten haben ihre erste Brut bereits erfolgreich aufgezogen und beginnen mit der zweiten. Junge Meisen, Amseln und Finken bevölkern Ihren Garten und sorgen für lebhaftes Treiben. Achten Sie darauf, dass immer frisches Wasser zur Verfügung steht – bei der zunehmenden Hitze sind Vogeltränken überlebenswichtig.

LANGE SOMMERTAGE GENIEßEN!

Genießen Sie ganz bewusst die bunte Blütenvielfalt und den feinen **Duft der Rosen**. Es gibt dann noch genug zu tun, um das Wachstum unter Kontrolle zu halten.

ZIERGARTEN

EMPFINDLICHE PFLANZEN INS FREIE SETZEN

In diesem Monat sollte die Frostgefahr in allen Regionen vorbei sein, sodass Sie empfindliche Pflanzen, einschließlich Zimmerpflanzen, sicher nach draußen bringen können. Töpfe und Körbe können die Terrasse verschönern, während Beetpflanzen und empfindliche Pflanzen wie Begonien Farbe in die Rabatten bringen.

KURZLEBIGE STAUDEN STEHEN LASSEN

Stauden wie Akeleien (Gatt. Aquilegia), Fingerhut (Gatt. Digitalis), Nachtviole (bot. Hesperis matronalis) und Silberblatt (bot. Lunaria annua) in halbschattigen Lagen erhalten sich durch Selbstaussaat. Wenn Sie das wollen, lassen Sie verblühte Stängel wenigstens teilweise stehen, bis die Samen verteilt sind.

STAUDEN MIT STÄBEN STÜTZEN

Viele Stauden wie Herbstastern (Gatt. Symphyotrichum) und Phloxe (auch: Flammenblumen) wachsen jetzt schnell. Unterstützen Sie sie mit Stäben, damit sie nicht vom Wind umgeworfen werden. Sie können entweder fertige Stabrahmen verwenden oder Ihre eigenen aus Bambusstäben und Schnur herstellen. Oder Sie kürzen noch vor der Knospenbildung die Triebspitzen ein. Dann verzweigen sich die Stängel, die Stauden bleiben niedriger, dichter und stabiler.

HORTENSIEN VERMEHREN

Viele Hortensienarten haben es bedingt durch den Klimawandel – insbesondere durch zunehmende Hitze und Trockenheit – in unseren Gärten immer schwerer, sodass die Pflanzen eher klein und die Blüten kümmerlich bleiben. Wollen Sie dennoch weiteren Hortensien in Ihrem Garten einen Platz einräumen, können Sie sie durch Stecklinge vermehren.
Suchen Sie nach kräftigen Trieben, die keine Blütenknospen haben. Idealerweise sollten sie zwei oder drei Blattpaare haben. Bereiten Sie Ihre Stecklinge vor, indem Sie den Stiel unterhalb eines Knotens, das heißt der Stelle, an der ein Blatt mit dem Stiel verbunden ist, abschneiden und dann die unteren Blätter entfernen.
Schneiden Sie die obere Hälfte der verbleibenden Blätter gerade ab, um den Wasserverlust durch Verdunstung zu reduzieren, und stecken Sie die Stecklinge dann etwa 5 Zentimeter tief in den Kompost oder die Anzuchterde im Anzuchttopf.
Die Stecklinge sollten innerhalb eines Monats Wurzeln schlagen; warten Sie mit dem Auspflanzen, bis Wurzeln aus dem Boden des Topfes herauskommen.

AKELEIEN IM ZAUM HALTEN

Akeleien breiten sich gerne und fleißig durch Versamung aus. Dabei können sich Blütenform und -farbe von Generation zu Generation verändern. Lässt man sie sich von selbst versamen, sprießen die neuen Pflanzen im ganzen Garten. Wenn Ihnen das zu viel wird, schneiden Sie die Samenstände nach der Blüte konsequent heraus. Oder Sie ziehen unerwünschte Pflanzen vor der Samenbildung heraus und entsorgen sie.

PFLANZENSCHUTZ

Fliegende Fieslinge: **In deformierten Lilienknospen leben die Larven der Lilienfliege. Abpflücken und im Hausmüll entsorgen. Gelbtafeln, die gegen die Kirschfruchtfliege in die Bäume gehängt wurden, entfernen, wenn sich die Früchte rot färben.**

WINTERHARTE GERANIEN ZURÜCKSCHNEIDEN

Eine weitere früh blühende Pflanze, die jetzt vom Beschneiden profitiert, ist die früh blühende winterharte Geranie. Auch wenn es drastisch erscheint, sollten alle Stiele bis zum Boden abgeschnitten werden. Sie treiben bald wieder aus, und später im Jahr können Sie sich über viele Blüten freuen. Der Rückschnitt fördert kompaktes Wachstum und verhindert, dass die Pflanzen von innen verkahlen.

SCHNELL WACHSENDE HECKEN STUTZEN

Schnell wachsende Sträucher wie Buchsbaum (Gatt. Buxus) und Liguster (Gatt. Ligustrum) müssen möglicherweise bereits zurückgeschnitten werden. Überprüfen Sie immer zuerst, ob sich darin Vogelnester befinden, und verschieben Sie die Arbeit an der Hecke, wenn Sie eines finden. Schneiden Sie an bewölkten Tagen, um Verbrennungen zu vermeiden.

FRÜH BLÜHENDE STAUDEN KÖPFEN

Bei früh blühenden Stauden wie der Bart-Iris können die Blüten entfernt werden, sobald sie verblüht sind, damit sie keine Energie für die Samenbildung verschwenden. Für ein sauberes Ergebnis schneiden Sie den Blütenstiel an der Basis ab, anstatt nur die Blüten abzuziehen. Die Blätter sollten jedoch stehen bleiben, da sie für die Photosynthese wichtig sind.

FRÜH BLÜHENDE STRÄUCHER SCHNEIDEN

Sträucher, die früh im Jahr blühen, wie die Weigelie (Gatt. Weigela) können nach der Blüte zurückgeschnitten werden. Kürzen Sie die Stiele, die geblüht haben, bis auf eine Astknospe darunter. Dies hilft der Pflanze, neue Triebe zu bilden, die im nächsten Jahr blühen werden.

5-MINUTEN-PROJEKTE

VERBLÜHTE ROSEN AUSPUTZEN

Schneiden Sie regelmäßig verwelkte Rosenblüten bis zum ersten fünfteiligen Blatt zurück. Dies fördert die Nachblüte und verhindert die Samenbildung, sodass die Pflanze ihre Energie in neue Knospen steckt.

SOMMERBLUMEN AUSSÄEN

Um Lücken in den Beeten zu füllen, säen Sie schnell wachsende Sommerblumen wie Ringelblumen und Kapuzinerkresse (siehe auch „Projekt des Monats April: Sechs schnelle Stauden", S. 74) direkt ins Beet. So haben Sie bis in den Herbst hinein Freude an bunten Blüten.

ERDBEEREN MULCHEN

Legen Sie eine Lage Stroh oder Holzschnitzel unter die Erdbeerpflanzen. Das reduziert die Verdunstung, hält die Früchte sauber, verhindert Fäulnis und unterdrückt Unkraut zwischen den Pflanzen.

TOMATEN UND GURKEN PFLEGEN

Im Kleingewächshaus stehende Tomatenpflanzen werden entsprechend ihrem Wachstum angebunden und entgeizt. Wenn gleichzeitig noch Gurken gezogen werden, ist die Luft häufig so feucht, dass der Pollen aus den Tomatenblüten verklebt und nicht ausreichend fliegt. Dann schütteln Sie an sonnigen Tagen während der Mittagszeit die Pflanzen.

BUNTBLÄTTRIGE STRÄUCHER PFLEGEN

Bei buntblättrigen Sträuchern neigen Triebe dazu, wieder rein grün zu werden. Diese sind kräftiger als die bunten, da sie mehr Chlorophyll enthalten. Sie werden die Pflanze dominieren, wenn Sie das zulassen. Behalten Sie bunte Sträucher im Auge und entfernen Sie alle Triebe, die wieder einfarbig grün geworden sind, bis zum bunten Wachstum zurück.

RASENPFLEGE

Eine klassische Rasenfläche ist jetzt in vollem Wachstum. Schneiden Sie ihn bei anhaltend warmem Wetter aber nicht zu kurz, das schützt etwas gegen Verdorren. Nicht täglich, sondern mit Abstand, aber dann jeweils gründlich wässern. Das stärkt die Wurzeln.

WICHTIG!

UNKRAUT ENTFERNEN

Behalten Sie das Unkraut im Auge, damit es Ihre Pflanzen nicht überwuchert. An feuchten Tagen können Sie es mit der Hand ausreißen. An trockenen Tagen erledigt eine scharfe Hacke einjährige Unkräuter im Handumdrehen, indem Sie die Stängel durchschneiden und sie austrocknen und absterben lassen. Mehrjährige Unkräuter wie Löwenzahn, Schafgarbe, Breit- und Spitzwegerich müssen mit der Wurzel ausgegraben oder ausgestochen werden, sonst wachsen sie immer wieder nach.

MIT STUMPF UND STIEL!

PFLANZENSCHUTZ

Sternrußtau an Rosen bekämpfen: Entdecken Sie auf dem Rosenlaub schwarze, unregelmäßig gezackte Flecken, dann handelt es sich um Sternrußtau. Verursacher der Krankheit ist ein Pilz, der sich über Sporen vermehrt. Es beginnt mit den Flecken, aber am Ende wird die Rose komplett kahl. Sammeln Sie also möglichst frühzeitig befallene Blätter ab und entsorgen diese im Hausmüll. Vorbeugen können Sie so: Eine Zwiebel und eine Knoblauchknolle grob hacken, 10 Minuten lang in wenig Wasser köcheln, dann mit Wasser auf 5 Liter verdünnen. Absieben, abkühlen lassen und die Rosen wöchentlich damit spritzen!

Roter Kohlrabi ist eine Sorte mit violetter oder rötlich-violetter Schale. Er ist innen weiß wie die grüne Variante, hat aber einen **intensiveren Kohlgeschmack**.

NUTZGARTEN

IN LETZTER MINUTE

Letzte Erbsen aussäen: Seit dem Frühjahr haben Sie vermutlich immer wieder Erbsen ausgesät. Da Erbsen durchaus auch noch ein kühleres Wetter vertragen, ist jetzt die richtige Zeit für die letzte Saat, sonst wird es für die Ernte vor dem Herbst zu knapp.

Erdbeeren mulchen: Jetzt ist die letzte Gelegenheit, bevor die Früchte den Boden berühren. Eine Strohschicht unter den Früchten verhindert Fäulnis und hält die Beeren sauber. Alternativ können Sie auch Holzwolle oder spezielle Erdbeermatten verwenden.

WICHTIG!

RADIESCHEN NACHSÄEN

Säen Sie für kontinuierliche Ernten alle zwei Wochen eine neue Reihe Radieschen. Dazu die Rinnen mit 10 bis 15 Zentimetern Abstand ziehen. Platzieren Sie die Samen in Abständen von je 3 bis 4 Zentimetern etwa einen Zentimeter tief in die Rinne. Dann die Rinnen einebnen und wässern. Die Samen keimen schnell und sind in vier bis sechs Wochen erntereif.

LAUCH INS FREILAND SETZEN

Lauch oder auch Porree (bot. Allium porrum) kann je nach gewählter Sorte beinahe das ganze Jahr hindurch geerntet werden: Sommerlauch wird in den warmen Monaten kultiviert, Herbstlauch und Winterlauch wachsen auch noch bei Schnee und Frost.
Für den robusteren Winterporree, der seit März/April in Anzuchtschalen im Gewächshaus gedeihen durfte, ist es jetzt Zeit, ins Freie gepflanzt zu werden, am besten an einem halbschattigen bis sonnigen Standort. Mit einem Pflanzstock machen Sie in Abständen von etwa 15 Zentimetern ein 10 bis 12 Zentimeter tiefes Loch in den Boden und setzen die Lauchsetzlinge hinein. Schlämmen Sie die Pflanzlöcher gut ein und häufeln Sie später regelmäßig Erde und Kompost nach, um die Bildung des gewünschten weißen Schafts zu fördern. Dem Starkzehrer tun alle paar Wochen Gaben von Langzeitdünger gut.

EMPFINDLICHE GEMÜSE PFLANZEN

Es ist verlockend, empfindliches Gemüse bereits mit den ersten warmen Sonnenstrahlen des Frühlings ins Freiland zu setzen. Aber sicherer fährt man, wenn Gurken, Stangenbohnen, Kürbisse und Zucchini zunächst im Gewächshaus angezogen werden, bevor sie abgehärtet und im Freien gepflanzt werden. In vielen Regionen ist es am besten, bis zum Juni zu warten, bevor man die empfindlicheren Gemüsesorten auspflanzt. Jetzt ist auch die Direktsaat ins Beet in Ordnung.

TOMATEN AUSGEIZEN

WICHTIG!

Die meisten Tomatenpflanzen werden als Cordon-Pflanzen gezüchtet – ein einzelner Stamm, an dem sich fünf oder sechs Fruchtstände entwickeln können. Um Tomatenpflanzen zu stimulieren, entfernt man die Seitentriebe an den Blattachseln, wo ein Blatt aus dem Hauptstamm tritt. Knipsen Sie sie einfach mit Daumen und Zeigefinger ab. So behält die Pflanze eine aufrechte Form und konzentriert ihre Energie auf die Fruchtbildung.

GIEßZEITEN IM FREIEN

Jeder Garten ist anders, daher ist es wichtig, die unterschiedlichen Pflanzen und Standorte sorgfältig zu beobachten. In Zeiten der Trockenheit gießt man mindestens zweimal pro Woche früh am Morgen. Neu ausgesäte Samen und Jungpflanzen müssen möglicherweise häufiger gegossen beziehungsweise sanft beregnet werden. Pflanzen, die durch Wassermangel unter Stress leiden, sind anfälliger für Krankheiten wie Mehltau. Ein gleichmäßiger Rhythmus hilft den Pflanzen besonders in der frühen Wachstumsphase und wenn sie Früchte bilden.

GEMÜSE ERNTEN

Im Freiland können jetzt verschiedene Gemüse geerntet werden. Dazu gehören Salate wie Kopfsalat, Batavia, Lollo Rosso, Kohlsorten wie Kohlrabi, Brokkoli, Blumenkohl, Weißkohl und Wirsing, Wurzelgemüse wie Radieschen, Rettich, frühe Karotten und Rote Bete, Erbsen, Bohnen, Spinat, Mangold, Zwiebeln, frühe Kartoffeln (ab Mitte Juni) und Zucchini. Der genaue Zeitpunkt der Ernte hängt von der jeweiligen Sorte und den lokalen Wachstumsbedingungen ab. Viele Gemüse können über einen längeren Zeitraum frisch geerntet werden, wenn sie regelmäßig nachgesät wurden. Der 24. Juni, der Johannistag, markiert hierzulande das Ende der Spargelsaison. Die Pflanze braucht jetzt eine Ruhephase, um neue Energie zu sammeln. Der Erdwall wird eingeebnet, gedüngt und die Erde gelockert. Auch Rhabarberstiele erntet man nicht mehr, düngt und mulcht aber die Erde rund um die Pflanzen.

PFLANZENSCHUTZ

Schädlinge beobachten und bekämpfen: Machen Sie jetzt täglich einen Kontrollrundgang durch den Gemüsegarten, da ein Schädlingsbefall schnell voranschreiten und zum Verlust ganzer Ernten führen kann. Das ist sehr frustrierend, besonders wenn es zu spät ist, um neu zu säen und anzupflanzen.

Bei Saubohnenpflanzen können Sie die Triebspitzen abknipsen, um Blattläuse fernzuhalten. Ist es dafür zu spät, können Sie Florfliegenlarven bestellen und freisetzen, um die Bohnen zu schützen. Die natürlichen Fressfeinde vertilgen jede Menge Blattläuse. Das bewährt sich vor allem im Gewächshaus gut.

INS BEET SÄEN UND AUSPFLANZEN

WICHTIG!

Im Gemüsegarten sät man auch im Juni Buschbohnen, Möhren, Rettich, Radieschen, Rote Bete, Brokkoli, verschiedene Salate, Endivien, außerdem einjährige Gewürzkräuter wie Borretsch, Kerbel, Dill, Bohnenkraut. Fallen Ihnen zu dicht stehende Saaten auf, dünnen Sie diese prophylaktisch aus, damit die Pflanzen sich nicht gegenseitig Konkurrenz machen. Achten Sie beim Aussäen auf ausreichende Reihenabstände und gießen Sie die Saatrillen vor der Aussaat gut an. Eine Mulchschicht aus Rasenschnitt hält die Feuchtigkeit im Boden und unterdrückt Unkraut. Vorgezogener Sellerie, Brokkoli, Winterporree, Grünkohl, Kohlrabi, Kopfsalat, sowie Kopfkohlarten und Fenchel dürfen nun auch ins Freiland. Bei Kartoffeln, Bohnen und Erbsen häufeln Sie die Erde um die Stämme herum an, sobald sie größer werden.

Die **Tomaten** tragen erste Früchte, die **Gurken** wachsen und die **Paprika** blüht üppig. Wichtig ist jetzt, Überhitzung zu vermeiden und clever zu gießen.

GEWÄCHSHAUS

GEWÄCHSHAUS KÜHLEN

An sonnigen Tagen kann die Temperatur im Gewächshaus stark ansteigen. Sorgen Sie für Abkühlung, indem Sie frühmorgens Türen, Fenster und Lüftungsklappen öffnen. Sie können auch Betonböden und Wege wässern, um durch die Verdunstungskühle die Temperatur zu senken, und das Glas mit Schattiernetzen oder spezieller Farbe beschatten.

GEMÜSE RICHTIG GIEßEN

Das Gießen ist nachgewiesenermaßen am effektivsten, wenn es frühmorgens erfolgt. So haben die Pflanzen Zeit, die Wasserreserven aufzufüllen, bevor sie einen Gutteil davon durch ihre Blätter verlieren, wenn die Sonne am stärksten scheint. Sie können dann am Abend anhand der Pflanzen beobachten, ob die Bewässerung angemessen ist oder ob Sie mehr oder weniger gießen sollten.

SALATE REGELMÄßIG AUSSÄEN

Salat wird im Gewächshaus während der Vegetationsperiode in zweiwöchigen Abständen in Aussaatschalen ausgesät. So können Sie die Jungpflanzen im Auge behalten, solange sie klein und empfindlich sind. Und Sie haben einen stetigen Nachschub an Salatpflanzen für die Freilandbeete, wo sie dann weiterwachsen können.

TOMATEN ANBINDEN

Bei Stabtomaten lässt man nur den Mitteltrieb wachsen, an dem die Blüten und Früchte gebildet werden, Seitentriebe werden ausgegeizt (entfernt). Stabtomaten brauchen jetzt eine Stütze, an der sie angebunden werden müssen. Geben Sie den Pflanzen in dieser Wachstumsphase regelmäßig speziellen Tomatenflüssigdünger, damit Sie viele Früchte ernten können.

PROJEKT DES MONATS

WASSERSPIEL SELBST BAUEN

Mit einem dekorativen, selbst gebauten Wasserspiel bringen Sie plätschernde Lebendigkeit in den Garten. Wir haben dieses – asiatisch angehaucht – unter Japanischem Fächerahorn und zwischen Funkien aufgestellt.

SO GEHT'S

1 Ziehen Sie das Stromkabel der Pumpe durch das Abzugsloch des großen Pflanzgefäßes. Achten Sie darauf, dass das Kabel im Inneren lang genug ist, damit die Pumpe zur Reinigung und Wartung herausgehoben werden kann. Anschließend dichten Sie das Abzugsloch mit Silikon ab.

2 Schneiden Sie den Boden aus dem Mörteleimer heraus und stellen ihn in das große Tongefäß, mit der Pumpe in der Mitte. Der Rand sollte etwa 5 cm unterhalb des Tongefäßrandes liegen, da auf ihn die Gitter und Kiesel gelegt werden.

3 Schneiden Sie das Drahtgitter so zu, dass es durch die Öffnung des Tongefäßes passt, aber auf dem Rand des Mörteleimers aufliegt. Befestigen Sie den Schlauch an der Pumpe und fädeln Sie das freie Ende durch das Drahtgitter.

4 Schneiden Sie ein Loch in die Mitte des Kunststoffnetzes (einfach zweimal falten und die Spitze des Trichters abschneiden), damit

SIE BRAUCHEN

- Stromanschluss
- 2 glasierte Pflanzgefäße mit Loch unterschiedlicher Größe (Abb. 1, 5)
- Kleine elektrische Pumpe
- Großen Mörteleimer
- Silikondichtmasse und Silikonpistole
- 13-mm-Schlauch
- Dickes verzinktes Gitter sowie feines Kunststoffgitter oder -netz für beide Keramikgefäße
- 1 Sack polierte Flusskiesel
- Schere
- Drahtzange oder Kneifzange
- Cutter oder Teppichmesser

der Schlauch hindurchpasst. Das feine Netz verhindert, dass Kiesel und Schmutz in das Wasserreservoir fallen.

5 Ziehen Sie den Schlauch durch das Abzugsloch des kleineren Topfes und schneiden ihn 1–2 cm über der Randhöhe des Topfes ab. Dann werden die Schritte 2 bis 4 mit dem kleinen Topf wiederholt.

6 Füllen Sie den großen Topf mit Wasser und schalten Sie die Pumpe ein. Wenn alles passt und der Schlauch nicht mehr gekürzt werden muss, werden noch die Kiesel aufgelegt. Dann können Sie das sanfte Plätschern genießen.

Perfekt für:
eine erfrischende und kühlende Ecke im eigenen Garten, die auch Vögeln und Eichhörnchen als Tränke dienen kann.

Hochsommer allerorten. Eine längere **Hitzephase** kann den Pflanzen jetzt zu schaffen machen, auch im Gartenteich und ganz besonders im Gewächshaus.

JUL

WAS GIBT ES JETZT ZU TUN?

ZIERGARTEN

Rosen versorgen
Blumenbeete düngen
Lupinen und Rittersporn schneiden
Verblühte Duftwicken ausreißen
Mehrmals blühende Rosen schneiden
Gartenteich pflegen
Spiersträucher in Form bringen
Glyzinien zurückschneiden
Töpfe und Ampeln pflegen
Rasen mähen

NUTZGARTEN

Hochsaison im Gemüse- und Obstgarten
Tomaten pflücken
Pflücksalat richtig ernten
Erdbeeren jetzt pflanzen
Kräuter schneiden und aufbewahren
Lücken in Beeten füllen
Pflanzendünger selbst herstellen
Wintergemüse pflanzen
Stangenbohnen ernten
Johannisbeeren schneiden
Salbei kürzen
Unkraut jäten

GEWÄCHSHAUS

Boden abspritzen
Gurken kontrollieren
Tomatenpflanzen steuern

PROJEKT DES MONATS

Der klimaresiliente Garten

DER GARTEN IN VOLLEM SOMMERKLEID

Wenn wir morgens durch unseren Garten schlendern, werden wir von einer Symphonie aus Farben und Düften empfangen. Jetzt können wir ernten, was wir vorher gesät und gepflegt haben – sowohl im Zier- als auch im Nutzgarten. Nehmen Sie sich die Zeit, um die Schönheit Ihres Gartens bewusst wahrzunehmen und mit allen Sinnen zu genießen!

So eine bunte Sommerblumenwiese ist eine Festtafel für viele Insekten.

Sommerhimbeeren schenken uns von Juni bis weit in den Juli hinein reichlich reife Früchte.

Bei den Seerosen geht die Hauptblütezeit von Juni bis September, wobei manche Sorten auch etwas früher beginnen und noch etwas länger blühen können. Ihre Blüten öffnen sich meist morgens und schließen sich am Nachmittag oder Abend wieder.

Die Einjährigen wie Petunien, Begonien, Fleißiges Lieschen und Tagetes verwandeln Beete und Kübel in ein leuchtendes Blütenmeer. Rittersporn reckt seine Blütenkerzen in den Himmel, während Phlox, Sonnenhut und Astilbe um die Wette blühen. Nach der ersten Blüte sollten Sie die erschöpften Stauden zurückschneiden – viele belohnen diese Pflege mit einer noch üppigeren Blüte im Spätsommer.

Rosen entfalten ihre zweite Hauptblüte, besonders die öfter blühenden Sorten. Achten Sie weiter auf Anzeichen von Krankheiten wie Mehltau oder Sternrußtau – vor allem warme und feuchte Tage begünstigen solche Pilzerkrankungen.

Im Gartenteich blühen Seerosen in voller Pracht. Entfernen Sie weiterhin regelmäßig Fadenalgen und sorgen Sie für ausreichend Sauerstoff durch Wasserpflanzen oder einen Sprudler.

Die ersten Tomaten färben sich rot und verströmen ihren Duft. Zucchini, Gurken und Bohnen produzieren täglich frische Früchte. Je öfter Sie ernten, desto mehr neue Früchte bilden sich.

Im Obstgarten reifen die ersten Sommerapfelsorten, frühe Birnen und Pflaumen. Dünnen Sie bei Bedarf die schwächeren Früchte vorsichtig aus. Himbeeren, Brombeeren und späte Johannisbeersorten reifen nun aus.

Besonders die mediterranen Kräuter wie Rosmarin, Thymian und Oregano entfalten durch die Sommersonne ihr intensivstes Aroma. Jetzt ist die beste Zeit für die Ernte und Konservierung durch Trocknen, Einfrieren oder Herstellung von Kräuterölen.

Ihm Gewächshaus tragen Tomatenpflanzen die ersten reifen Früchte. Auch Gurken, Paprika und Auberginen fühlen sich unter Glas wohl und liefern kontinuierliche Ernten.

Draußen ihm Garten summt und brummt es nun überall! Bienen, Hummeln und Schmetterlinge schwärmen über die blühenden Pflanzen. Stellen Sie flache Wasserschalen für durstige Insekten und Vögel bereit, denn Amseln, Rotkehlchen und Meisen sind immer noch mit der Aufzucht ihrer Jungen beschäftigt. Nähern Sie sich daher möglichst nicht den Nistplätzen. Igel werden nachts aktiv und durchstöbern Ihren Garten auf der Suche nach Insekten und Schnecken – lassen Sie kleine Durchgänge in Zäunen und schaffen Sie Unterschlupfmöglichkeiten aus Laub und Totholz.

AUCH MAL PAUSE MACHEN!

Im Ziergarten hat man jetzt alle Hände voll zu tun. Der **Blütenschmuck** in den Beeten soll durch gezielte Pflegemaßnahmen möglichst lange erhalten bleiben.

ZIERGARTEN

ROSEN VERSORGEN

Wenn die Hauptblüte der Rosen Anfang Juli vorüber ist, geben Sie ihnen etwas Langzeit-Rosendünger um die Wurzeln herum. Arbeiten Sie die Körner vorsichtig mit einer Handgabel in die Oberfläche ein und entfernen Sie gleich auch das Unkraut, das in der Nähe der Rosen wächst. Bei Bedarf können Sie jetzt den Mulch auf dem Boden erneuern.

BLUMENBEETE DÜNGEN

Auch wenn Sie Ihre Blumenrabatten im Frühjahr gedüngt haben, können diese jetzt von einer weiteren „Fütterung" profitieren, vor allem wenn Sie einen sehr durchlässigen Boden haben. Verwenden Sie einen Universaldünger in Granulatform.

LUPINEN UND RITTERSPORN SCHNEIDEN

Beide Pflanzenarten sehen nach der Blütezeit „abgenutzt" aus. Schneiden Sie die abgeblühten Blütenstände knapp über einem Blatt oder einem Seitentrieb ab. Sie werden bald wieder nachwachsen, und vielleicht bekommen Sie sogar noch ein paar neue Blüten. Düngen Sie das Erdreich an der Stelle, um das Nachwachsen zu fördern. Im Herbst können die Pflanzen dann komplett bis zum Boden zurückgeschnitten werden.
Sie können Rittersporn (Gatt. Delphinium) und Feinstrahl (auch Einjähriges Berufkraut, bot. Erigeron annuus) jetzt auch bis etwa eine Handbreit über dem Boden zurückstutzen.
Bei guter Wasser- und Nährstoffversorgung remontieren sie, erfreuen Sie also noch in dieser Saison ein zweites Mal mit Blüten.

VERBLÜHTE DUFTWICKEN AUSREIßEN

Duftende Platterbsen beziehungsweise Duftwicken (bot. Lathyrus odoratus) sind im Frühsommer am schönsten und werden später oft von Mehltau befallen. Wenn sie verblüht sind, können Sie reife Samen für die Aussaat im Oktober aufheben. Befallene Pflanzen mit weißlichen Belägen sollten Sie aber komplett ausreißen und in die Restmülltonne geben.

MEHRMALS BLÜHENDE ROSEN SCHNEIDEN

Mehrmals blühende Rosen – auch remontierende Rosen genannt – schneidet man nach der ersten Blüte zurück, damit sie viele neue Knospen bilden. Das gilt genauso für Rambler, die stark wachsenden Kletterrosen.
Der Sommerschnitt der Rosen funktioniert recht einfach. Ob nach dem dritten oder fünften Auge oder über dem ersten fünffiedrigen oder dreifiedrigen Blatt – das spielt keine Rolle. Schauen Sie, wo der verblühte Trieb ansetzt beziehungsweise abzweigt, dann gehen Sie von der Ansatzstelle bis zum ersten nach außen stehenden Auge in Richtung verblühtes Triebende und schneiden darüber ab. Damit erreicht man, dass die Rose buschig und in Form bleibt.

EINFACH KAPPEN!

GARTENTEICH PFLEGEN

Die Verdunstung steigt durch die heißen Tage, und Gartenteiche haben in der Regel keinen autonomen Zufluss. Außerdem ist das Wasservolumen eher klein. Kontrollieren Sie regelmäßig den Wasserstand im Teich und füllen Sie Wasser nach, am besten Regenwasser oder abgestandenes Leitungswasser. Leben Fische im Teich, sollten Sie den Sauerstoffgehalt im Auge behalten und gegebenenfalls mit einer elektrischen Luftpumpe oder einem Wassersprudler zusätzlichen Sauerstoff einbringen.

SPIERSTRÄUCHER IN FORM BRINGEN

Sommerblühende Spirea-Sorten blühen an den frischen Trieben, sie wurden bereits vor dem Austrieb im Frühjahr gekürzt. Dagegen blühen frühjahrsblühende Spiersträucher am vorjährigen Holz. Bei Arten, die an Ästen aus dem Vorjahr blühen, schneiden Sie die Stämme jetzt nach der Blüte bis auf einen neuen Stock darunter zurück. Dazu gehören beispielsweise die Frühlingsspiere (bot. S. thunbergii) und der Braut-Spierstrauch (bot. S. x arguta).

GLYZINIEN ZURÜCKSCHNEIDEN

Schneiden Sie ab jetzt oder bis spätestens August alle langen Seitentriebe auf etwa 15 Zentimeter vor dem letztjährigen Holz zurück, damit die Pflanze neue Ausläufer bildet, die im nächsten Jahr Blüten hervorbringen. Im Winter muss die Glyzinie noch einmal zurückgestutzt werden, damit die Blüten des nächsten Jahres nicht vom neuen Wachstum verdeckt werden.

TÖPFE UND AMPELN PFLEGEN

Um die Pflanzen möglichst lange zu erhalten, machen Sie den Schnelltest: Fühlt sich die Erde im Topf auch dann trocken an, wenn Sie mit dem Finger leicht hineindrücken? Dann wird es Zeit zu gießen. Das kann bei heißem Wetter auch mehr als einmal am Tag sein, besonders bei Blumenampeln, die schnell austrocknen. Entfernen Sie regelmäßig verblühte Blumen. Und im Spätsommer können selbst Töpfe, die bei der Bepflanzung mit Langzeitdünger versorgt wurden, weitgehend ausgezehrt sein. Sorgen Sie für frischen Nährstoffnachschub.

RASEN MÄHEN

WICHTIG!

Das Wetter bestimmt, wie oft Sie Ihren Rasen mähen sollten. Wenn er normal wächst, muss er etwa einmal pro Woche getrimmt werden. Wenn sehr trockenes Wetter das Wachstum verlangsamt, können Sie weniger häufig mähen. Erhöhen Sie dann auch die Schnitthöhe des Rasenmähers, damit das Gras nicht ganz so schnell austrocknet und etwas länger grün bleibt.

Eine üppige Ernte muss jetzt teilweise auch **haltbar gemacht** werden – durch Einfrieren, Einkochen, Einlegen, Fermentieren oder auch richtiges Lagern.

NUTZGARTEN

HOCHSAISON IM GEMÜSE- UND OBSTGARTEN

Noch ist Zeit, um Petersilie, Herbstsalate, Winterrettich, letzte Buschbohnen und Möhren zu säen. Jungpflanzen können Sie von Salaten, Kohlrabi, Wirsing, Grünkohl und Rosenkohl ins Beet setzen. Belohnt werden Sie mit den Ernten von Salaten, Erbsen, Bohnen, Gurken, Zucchini, Möhren, Brokkoli, Kräutern, Johannisbeeren, Erdbeeren, Himbeeren und Kirschen.

TOMATEN PFLÜCKEN

Wenn Ihre Pflanze fünf oder sechs Fruchtstände hat, schneiden Sie die oberste Triebspitze ab. Die Pflanze steckt dann mehr Energie in die Entwicklung der Früchte. Entfernen Sie weiterhin alle Seitentriebe, die erscheinen. Reife Tomaten lassen sich mit Leichtigkeit von der Pflanze lösen. Wenn die ganze Rispe einheitlich reif ist, können Sie diese auch komplett abschneiden.

PFLÜCKSALAT RICHTIG ERNTEN

So haben Sie länger etwas von Ihren Salaten: Ernten Sie beim Pflück- oder Schnittsalat jeweils immer nur die äußeren Blätter zuerst, also von außen nach innen. Denn die neuen Blätter wachsen von innen aus der Pflanzenmitte heraus nach. Wenn Sie mehrere Salatpflanzen haben, können Sie so lange Zeit Salat in genau der Menge ernten, die Sie gerade brauchen.

KONSTANTER NACHSCHUB!

ERDBEEREN JETZT PFLANZEN

Einmal tragende Erdbeeren ab Anfang Juli ins Beet pflanzen, nach Anweisung mit einem Beerendünger versorgen und den Boden bis zum regenreicheren Herbst ständig feucht halten.

PFLANZENSCHUTZ

Krautfäule bekämpfen: Kartoffeln und Tomaten werden bei feuchtem, warmem Wetter anfällig für Pilze, die die Kraut- und Knollenfäule (Phytophthora infestans) verursachen. Die Symptome sind schwarze, schimmelig aussehende Flecken auf den Blättern und Stängeln. Bei Kartoffeln müssen Sie das Laub an der Basis abschneiden, bevor es sich auf die sich entwickelnden Knollen ausbreitet und die Ernte ganz vernichtet. Bei Tomaten lässt die Pilzinfektion die Früchte an der Rebe verfaulen. Das Entfernen von infiziertem Laub kann die Krankheit verlangsamen, aber nicht aufhalten.

KRÄUTER SCHNEIDEN UND AUFBEWAHREN

Das volle Aroma geben ja frische Kräuter aus dem Garten. Aber wenn Sie einen Überschuss an Kräutern haben und nicht alle sofort verwenden können, ist das Einfrieren eine ausgezeichnete Methode, um sie für den Winter zu konservieren.

Robuste Kräuter wie Thymian, Salbei, Liebstöckel, Rosmarin, Majoran und Oregano lassen sich auch gut trocknen. Am schonendsten geht das an der Luft. Binden Sie geschnittene Kräuterzweige zu kleinen Bündeln zusammen und hängen diese über eine Leine an einem trockenen und lichtgeschützten Ort mit warmer Luft auf. Wichtig ist, die Kräuterbündel nicht direkter Sonne auszusetzen – dabei gehen Aromastoffe verloren. Geeignet sind jetzt im Sommer geschützte Orte im Freien, im Wintergarten und auf dem Dachboden. Später geht es gut über einem Heizkörper.

LÜCKEN IN BEETEN FÜLLEN

Versuchen Sie, die Beete so produktiv wie möglich zu nutzen, indem Sie den ganzen Boden mit Pflanzen befüllen. Wenn Sie Saaten im Gewächshaus vorgezogen haben, können Sie diese jetzt verwenden, um die abgeernteten Lücken wieder aufzufüllen.

DEN KNAPPEN RAUM NUTZEN!

PFLANZENDÜNGER SELBST HERSTELLEN

Sie können Ihren eigenen Pflanzendünger herstellen. Als Boden- oder Blattdünger können Sie einen Sud aus fermentierten Beinwell- und Brennnesselpflanzen verwenden. Dazu müssen Sie die krautigen Pflanzen – Vorsicht mit Brennnesseln, nicht mit bloßen Händen anfassen!– häckseln und in einem großen Kunststoffeimer zu gleichen Teilen mit Zucker mischen, der den zugesetzten Pflanzen und Blättern Nährstoffe entzieht. Dann mit Wasser aufgießen. Den Eimer mit einem Tuch abdecken und draußen (im Schatten) stehen lassen. Ein paarmal umrühren schadet nicht. Nach rund einer Woche sollten Sie eine dicke, dunkle, süßlich riechende Jauche haben, die Sie durch ein Sieb passieren und dann im kühlen Raum aufbewahren können. Es handelt sich um ein Konzentrat, das zum Düngen der Pflanzen 1:10 mit Wasser verdünnt wird.

WINTERGEMÜSE PFLANZEN

Der Winter scheint zu dieser Jahreszeit noch weit weg zu sein, aber es ist wichtig, im Voraus zu planen, damit Sie in den kälteren Monaten mit frischem Gemüse aus dem eigenen Garten versorgt sind. Rote Bete, Karotten, Grünkohl, Rosenkohl, Lauch und Kohlrüben können jetzt in den ersten Julitagen gepflanzt werden.

STANGENBOHNEN ERNTEN

Pflücken Sie Stangenbohnen, wenn sie etwa 15 bis 20 Zentimeter lang sind. Sie sollten schön zart sein und sich leicht von der Pflanze lösen lassen. Wenn sie anfangen, etwas schrumpelig auszusehen, haben sie ihre beste Zeit hinter sich und können entfernt und kompostiert werden. Oder Sie lassen die noch reifen und sammeln dann die Samen für die nächste Aussaat.

GUTES TIMING!

JOHANNISBEEREN SCHNEIDEN

Johannisbeeren kürzt man am besten zum Zeitpunkt der Ernte. Weiße und rote Johannisbeeren bilden die meisten Früchte an den zwei- bis dreijährigen Trieben. Die älteren Triebe erst abernten und dann bodennah rausschneiden, damit die jungen Luft und Licht haben. Oder Sie schneiden die älteren Triebe mit den reifen Früchten ab und ernten sie dann ganz bequem am Tisch ab.

SALBEI KÜRZEN

Schauen Sie beim Salbei an den Zweigen des Halbstrauchs entlang und suchen Sie Austriebstellen, an denen sich schon kleine Blättchen zeigen. Oberhalb von jedem dieser Austriebe können Sie schneiden, dann treibt der darunter liegende Ansatz aus. Die Pflanze zeigt also schon an, wo sie austreiben könnte, und dadurch auch, wo Sie am besten einkürzen können.

UNKRAUT JÄTEN

An trockenen Tagen hacken Sie das einjährige Unkraut ab und brechen damit gleichzeitig die harte Erdkrume auf. Wenn Sie Wildkräuter und Gras bereits im frühen Stadium erwischen, verhindern Sie, dass diese sich etablieren, im Wachstum mit Ihrem Gemüse konkurrieren und sich später durch Aussaat verbreiten. Man kann die Pflanzen auf der Bodenoberfläche liegen lassen, damit sie trocknen und schließlich verrotten, oder Sie rechen die Unkräuter auf und geben sie auf den Komposthaufen.

5-MINUTEN-PROJEKTE

GESCHOSSENES GEMÜSE ENTFERNEN

Einige Pflanzen wie Koriander, Salat, Rucola und Spinat schießen während der langen Sommertage in die Höhe und werden durch die Tageslänge zur Blütenbildung angeregt. Die Pflanzen werden dann härter und häufig bitterer, also ungenießbar. Reißen Sie sie mit Wurzel aus, um Platz für jüngere Pflanzen zu machen, die bald erntereif werden.

RANKEN AN KLETTERHILFEN BEFESTIGEN

Sowohl im Freiland als auch im Gewächshaus: Bei rankenden Zierpflanzen binden Sie neue Triebe locker an die Kletterhilfen an. Rankende Gemüsepflanzen an Stäben befestigen, das schützt sie auch vor Beschädigungen durch kräftigen Wind. Schwer fruchtbehangene Pflanzen zusätzlich rechtzeitig unterstützen.

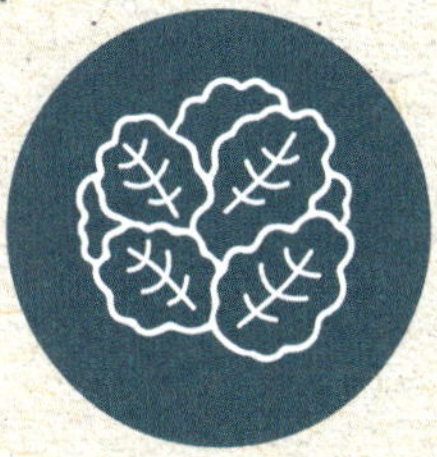

PFLÜCKSALAT RICHTIG ERNTEN

Beim Pflück- oder Schnittsalat ernten Sie von außen nach innen, also stets nur die äußeren Blätter. Von innen wachsen aus dem „Herz" heraus immer neue Blätter nach. Erntereife Blätter sollten eine Länge von etwa 10 bis 15 Zentimeter erreicht haben. So profitieren Sie lange Zeit von Ihren Salatpflanzen.

SQUASH-KÜRBISSE IN DIE SONNE

Damit die Früchte besser reifen, brauchen sie viel Sonnenlicht. Entfernen Sie Blätter, die die „Panzerbeeren" beschatten, oder biegen Sie sie zur Seite, sodass sie keinen Schatten werfen. Da die Pflanzen ungeheuer schnell wachsen, sollten Sie immer wieder einmal nachschauen, ob die Früchte nicht von neuen Trieben bedeckt wurden.

Jetzt stehen die Pflanzen im Gewächshaus **dicht an dicht**. Achten Sie besonders darauf, dass sich Schädlinge und Pilzinfektionen nicht ausbreiten.

GEWÄCHSHAUS

WICHTIG!

BODEN ABSPRITZEN

Spritzen Sie den Boden im Gewächshaus bei warmem Wetter nass. Durch die Verdunstungskälte sinkt die Temperatur etwas, und die höhere Luftfeuchtigkeit vertreibt Schädlinge wie Spinnmilben.
Wichtig: Fenster und Türen zur Lüftung öffnen. Dies verringert die Gefahr von Pilzkrankheiten durch stehende Luft. Automatische Fensteröffner erleichtern die Temperaturregulierung erheblich.

GURKEN KONTROLLIEREN

Sie bemerken, dass junge, kleine Gürkchen gelb werden, schließlich sterben und abfallen. Das ist bei Gurkenpflanzen ein Stress-Signal. Sie brauchen dann als Starkzehrer wahrscheinlich mehr Nährstoffe und Wasser. Übertreiben Sie es mit dem Wasser aber nicht: Ideal ist ein dauerfeuchter Boden, Staunässe an den Wurzeln ist ebenso ungesund für die Pflanzen.

TOMATENPFLANZEN STEUERN

Stehen Ihre wachsenden Tomatenpflanzen im Gewächshaus recht eng zusammen, achten Sie darauf, diese regelmäßig zu entgeizen, damit sie vor allem schlank in die Höhe wachsen und sich nicht gegenseitig ins Gehege kommen.

PROJEKT DES MONATS

DER KLIMARESILIENTE GARTEN

Unsere Gärten mit ihrer Pflanzenvielfalt bieten Insekten, Vögeln und Wildtieren wichtige Lebensräume. Doch der Klimawandel macht Freizeitgärtnern zunehmend Sorgen. Er beschert uns mehr Hitzewellen und längere Trockenperioden.

Perfekt für:
blühende und aromatische Gärten, die mit wenig Wasser auskommen.

Resiliente Pflanzen wählen. Fürs Zierbeet Prärieblumen oder mediterrane Trockenkünstler: Geranie, Lavendel, Rosmarin, Salbei, Prachtkerze, Duftnessel, Purpursonnenhut. Auch Fetthenne, Portulakröschen und Mittagsblume brauchen wenig Wasser.
Bäume und Sträucher mit tiefem Wurzelsystem bevorzugen – bei Obstbäumen Hochstämme wählen. Gehölze mit hartem Laub vertragen Hitze gut.
Im Gemüsebeet eine Sommerpause einlegen: Im Frühling Tiefwurzler wie Pastinake und Möhre sowie Radieschen und Rucola säen. Ab Herbst Chinakohl, Pflücksalate, Meerkohl und Winterportulak pflanzen.

Regenwasser auffangen und speichern. Niederschläge in Regentonnen unter den Fallrohren sammeln, ein Deckel hilft gegen Stechmücken.
Zisternen speichern das ganze Jahr hindurch viel Wasser, sind mit Kosten ab 2 500 bis 6 000 Euro aber teuer. Unterirdische Modelle sparen Platz, oberirdische sind einfacher aufzustellen und liefern besser temperiertes Wasser.
Eine Alternative für größere Gärten sind Gießteiche, in die das aufgefangene Wasser geleitet wird.

Richtig gießen. Selten, aber dann großzügig: alle 3 bis 4 Tage jeweils 10 bis 20 Liter pro Quadratmeter. Sträucher und Jungbäume maximal wöchentlich wässern. Morgens oder spätabends bodennah mit Gießkanne oder sanftem Schlauchstrahl gießen – nie von oben sprengen.
Im Gemüsebeet helfen Ollas (poröse Tongefäße aus Spanien), die bis zu zwei Tage lang Wasser abgeben. Für Jungbäume: Gießringe oder Bewässerungssäcke.

Den Boden schützen. Beete mit Stroh, Rasenschnitt oder Laub mulchen. Auch bodendeckende Pflanzen wie Elfenblume (Gatt. Epimedium) und Teppichmispel (bot. Cotoneaster dammeri) halten Feuchtigkeit im Boden. Regelmäßiges Hacken schafft eine Dampfsperre: „Einmal hacken erspart zweimal gießen", heißt es.
Lehmige Böden mit Sand, sandige mit Lehm anreichern. Untergemishter Kompost erhöht die Wasserspeicherfähigkeit.

Im August ist **Haupterntezeit** für Obst wie Äpfel, Birnen, Pflaumen und Beeren sowie für Gemüse wie Tomaten und Zucchini. Wasser ist weiterhin ein Thema.

AUG

WAS GIBT ES JETZT ZU TUN?

ZIERGARTEN

Stecklinge fürs nächste Jahr vorbereiten

Töpfe auf der Terrasse pflegen

Vorgezogene Zweijährige auspflanzen

Lavendel zurückschneiden

Kamelien gießen

Wasserqualität im Gartenteich kontrollieren

Rasen richtig behandeln

Hecken beschneiden

Hohe Bart-Iris verjüngen

NUTZGARTEN

Wintergemüse aussäen

Chinakohl aussäen

Gemüse ernten

Frühe Obstsorten ernten

Erdbeeren zurückschneiden

Brombeeren ernten

Sommerhimbeeren schneiden

Kartoffeln ernten

GEWÄCHSHAUS

Tomaten kappen

Sommergemüse ernten

Zwischenstation für Zweijährige

Salate, Kohl und Spinat aussäen

Kräuter pflanzen

PROJEKT DES MONATS

Einen Herbstkasten bepflanzen

DER SOMMERLICHE HÖHEPUNKT IM GARTEN

Während die warmen Sonnenstrahlen die reifen Früchte zum Leuchten bringen und die Blütenpracht sich in ihrer ganzen Vielfalt entfaltet, können wir nun den Garten in vollen Zügen genießen. Halten Sie einzigartige Momente zur Erinnerung in schönen Fotos mit Übersichten und Detailaufnahmen fest. Denn bald schon werden die ersten Herbstboten sichtbar.

Die Früchte der eigenen Anstrengungen ernten, hier wird es sprichwörtlich wahr.

Im Gewächshaus bewahrt Kalkfarbe auf den Glasscheiben die Pflanzen vor Hitzeschäden.

Blühende Sonnenblumen folgen nicht mehr dem Tagesverlauf der Sonne, sondern sind meist nach Osten ausgerichtet.

Sonnenblumen recken ihre strahlend gelben bis roten Köpfe dem Licht entgegen, während Zinnien, Tagetes und Petunien ein buntes Szenario bilden. Das regelmäßige Ausputzen vergehender Blüten sorgt für eine kontinuierliche Nachblüte bis weit in den Herbst hinein. Und mit einem dosierten Schuss Dünger halten Sie die krautigen Pflanzen weiterhin bei Kräften.

Der Phlox verströmt einen betörenden Duft, Sonnenhut und Rudbeckien leuchten in warmen Gelb- und Orangetönen, und die Astern bereiten sich auf ihren großen Auftritt vor. Hohe Stauden wie Rittersporn können Sie nach der Blüte bodennah zurückschneiden – oft werden Sie mit einer zweiten, wenn auch schwächeren Blüte im Spätsommer belohnt.

Lassen Sie sich durch einen braun gewordenen Rasen nicht entmutigen – er ist meist nur in einer Ruhephase. Wenn möglich, bewässern Sie gründlich, aber seltener, am besten in den frühen Morgenstunden. Das fördert tiefes Wurzelwachstum und macht Ihren Rasen widerstandsfähiger.

Die Tomatenernte sollte jetzt in vollem Gange sein. Eine möglichst gleichmäßige Wasserversorgung verhindert das gefürchtete Platzen der Früchte. Gurken, Zucchini und Kürbisse wachsen jetzt manchmal schneller, als Sie ernten können. Bohnen bescheren Ihnen ebenfalls reiche Erträge, und auch hier gilt: Je mehr Sie abernten, desto mehr wächst nach. Zwiebeln und Knoblauch sind erntereif, wenn das Laub anfängt zu vergilben. Lassen Sie sie nach der Ernte gut abtrocknen, bevor Sie sie einlagern. Bei den Beerensträuchern bescheren Ihnen nur späte Himbeersorten und Brombeeren noch süße Früchte. Basilikum, Oregano, Thymian und Rosmarin haben ihre höchste Konzentration an ätherischen Ölen erreicht. Jetzt ist die beste Zeit, um Kräuter für den Winter zu trocknen oder einzufrieren.

Wo Schadinsekten sich ausbreiten, sind die Nützlinge nicht weit. Mauersegler und Mehlschwalben sind noch fleißig dabei, ihre zweite Brut zu füttern. Bienen, Hummeln und Schmetterlinge sind in Scharen unterwegs und sorgen für die wichtige Bestäubung Ihrer Pflanzen. Admiral, Kleiner Fuchs und Kohlweißling flattern durch Ihren Garten, und vielleicht entdecken Sie auch den prächtigen Schwalbenschwanz.

Igel sind jetzt nachts aktiv auf Nahrungssuche und helfen dabei, Schnecken und andere Schädlinge in Schach zu halten.

SCHNEIDEN UND GIEßEN!

Siesta-Zeit! Unter der schattenspendenden Baumkrone lassen sich heiße **Augustnachmittage** sehr entspannt in der schaukelnden Hängematte verbringen.

ZIERGARTEN

STECKLINGE FÜRS NÄCHSTE JAHR VORBEREITEN

Stecklinge von Pelargonien oder Fuchsien bewurzeln jetzt leicht. Schneiden Sie etwa 7 bis 10 Zentimeter lange Triebe ab, entfernen die unteren Blätter und stellen den Aststeckling entweder in Wasser oder direkt in Anzuchterde. Nach einigen Wochen bilden sich Wurzeln, dann ist es Zeit, die Stecklinge in größere Töpfe mit Blumenerde umzupflanzen. So lässt sich bereits die Balkonbepflanzung für das kommende Jahr heranziehen. Überwintern Sie sie an einem kühlen und hellen Ort.

TÖPFE AUF DER TERRASSE PFLEGEN

Pflanzen in Terrassengefäßen sind weiter auf Ihre Wasserversorgung angewiesen, vor allem wenn sie unter einem Dachvorsprung stehen und keinen Regen abbekommen. Wässern Sie sie bei sonnigem Wetter mindestens einmal am Tag. Sie können beim Bepflanzen auch bewusst Arten wählen, die kurze Trockenphasen gut verkraften. Kübel- und Balkonpflanzen, die kühl überwintert werden sollen, düngen Sie ab Ende August nicht mehr, damit ihre Triebe ausreifen können.

VORGEZOGENE ZWEIJÄHRIGE AUSPFLANZEN

Vorgezogene Jungpflanzen von zweijährigen Blütenpflanzen wie Bartnelke, Fingerhut, Stockrose und Goldlack können jetzt an ihren endgültigen Standort im Beet verpflanzt werden.

LAVENDEL ZURÜCKSCHNEIDEN

Der Lavendel ist verblüht? Ein leichter Rückschnitt trägt dazu bei, dass der Lavendel kompakt und rundlich bleibt, anstatt kahl und langbeinig zu werden. Schneiden Sie mit einer Schere die alten Blütenähren und die obersten 2 bis 3 Zentimeter der Äste mit Blättern ab. Aus der gärtnerischen Erfahrung können wir allerdings sagen, dass es keinen Unterschied macht, ob Sie im Spätsommer schneiden oder bis zum Frühjahr damit warten.

KAMELIEN GIEßEN

Die Blütenknospen von Kamelien werden im Sommer gebildet. Es ist wichtig, sie in dieser Zeit gut zu wässern, damit die jungen Knospen nicht wegen Trockenheit abfallen. Den Boden um die Pflanzen mit Komposterde zu mulchen hilft auch, die Feuchtigkeit länger im Boden zu halten.

WASSERQUALITÄT IM GARTENTEICH KONTROLLIEREN

Neben den schon im Juli genannten Maßnahmen kann es durch Starkregen zu großen Schwankungen der Wasserqualität kommen. Der pH-Wert des Teichwassers sollte – gerade wenn es Fischbestand gibt – bei 7,5 bis 8 liegen und möglichst wenig variieren. Durch Regenfälle eingespülte oder durch intensive Fischfütterung freigesetzte Nährstoffe für Wasserpflanzen können jetzt schnell zu einer Algenblüte führen. Fischen Sie diese Fadenalgen regelmäßig ab. Ein Übermaß an gelöstem Phosphat können Sie mit einem natürlichen mineralischen Phosphatbinder für Gartenteiche ausfällen.
Und je wärmer das Wasser wird, desto weniger Sauerstoff kann es aufnehmen. Denken Sie also daran, das es im Teich zu Sauerstoffmangel kommen kann.

WICHTIG!

RASEN RICHTIG BEHANDELN

Heben Sie bei trockenem Wetter die Schnitthöhe Ihres Rasenmähers an, damit das Gras etwas länger wachsen kann. So bleibt es grüner, und die Feuchtigkeit wird besser gespeichert. Wenn der Rasen nach dem Urlaub ins Kraut geschossen ist, mähen Sie ihn schonend in zwei bis drei Gängen zurück, indem Sie jeweils nur etwa ein Drittel der Überlänge kappen.

HECKEN BESCHNEIDEN

Im Hochsommer nehmen die meisten Freizeitgärtner ihre Hecken in Angriff, da das neue Wachstum sie unordentlich aussehen lässt. Machen Sie sich das Leben einfacher, indem Sie neben der Hecke eine Plastikfolie ausbreiten, um das Schnittgut aufzufangen. Wenn Sie eine Heckenschere verwenden, beginnen Sie unten an jeder Seite und arbeiten sich in gleichmäßigen, kontinuierlichen Schwüngen nach oben. Der Heckenquerschnitt soll in der Regel trapezförmig nach oben zulaufen. Schneiden Sie zuletzt die Oberseite. Fegen oder harken Sie das Schnittgut von der Oberseite der Hecke ab, sonst wird es kurz darauf unansehnlich.

HOHE BART-IRIS VERJÜNGEN

Hohe Bart-Iris (bot. Iris barbata-elatior) werden oft nach einigen Jahren blühfaul. Dann heben Sie die vergreisten Pflanzen mit der Grabegabel aus und teilen sie in Stücke, die jeweils Laub, Rhizom und Wurzeln besitzen. Schneiden Sie die Blätter v-förmig zurück, damit sie weniger Wasser verdunsten. Legen Sie das Rhizom (Wurzeln unten) an einer sonnigen Stelle in den Boden. Es darf nur leicht mit Erde bedeckt werden. Im übernächsten Jahr werden die Bart-Iris wieder kräftig blühen!

Reife Brombeeren sind dunkelviolett, glänzend und lösen sich leicht vom Strauch. Die empfindlichen **Sammelsteinfrüchte** sollen nicht gequetscht werden.

NUTZGARTEN

WINTERGEMÜSE AUSSÄEN

Wenn Sie Anfang August Wintergemüse wie Feldsalat, Wintersalat und auch Kohl in Modulen oder Schalen im (Gewächs-)Haus aussäen, können Sie die Keimlinge später im Monat ins Freie setzen.
Nach dem Auspflanzen sollten Sie die Pflänzchen mit einem feinen Netz abdecken, um Schädlinge fernzuhalten und sie vor der Kälte zu schützen. Achten Sie auf Schnecken, die die zarten Salate genauso lecker finden wie wir. Andere Arten wie Mangold, Möhren und Radieschen können Sie auch direkt ins Beet säen. Salate und Wurzelgemüse können dann von Winter bis Frühjahr geerntet werden, wann immer es Bedarf gibt.

CHINAKOHL AUSSÄEN

Es gibt viele Sorten von Chinakohl (bot. Brassica rapa ssp. pekinensis), die sich vielfältig in der Küche einsetzen lassen. Die Aussaat von Chinakohl sollte frühestens Ende Juli erfolgen. Nehmen Sie spezielle Sorten mit auf, die Mitte bis Ende Sommer gesät werden und bis in den Herbst hinein angebaut werden können. Junge Blätter können Sie pflücken und roh in Salaten essen. Oder Sie lassen die Pflanzen noch in Ruhe auswachsen und ernten sie dann später als reifen Kohl. Stellen Sie sicher, dass Sie Ihr Beet mit einem insektendichten Netz abdecken, das an den Rändern gut befestigt ist, da Chinakohl gerne von Schädlingen heimgesucht wird.

GEMÜSE ERNTEN

Ernten Sie das Gemüse, wenn es am besten gedeiht, und tun Sie es regelmäßig, damit es nicht holzig wird oder bitter schmeckt. Wenn Sie mehr davon haben, als Sie essen oder lagern wollen, dann verschenken Sie es an Freunde und Bekannte.

RECHTZEITIG ERNTEN!

PFLANZENSCHUTZ

Obst und Gemüse schützen: Um die Kirschessigfliege einzudämmen, entfernen Sie so früh wie möglich faulige Himbeeren, Brombeeren und Heidelbeeren sowie Mini-Kiwis und entsorgen diese im Hausmüll.
Wenn Sie Apfel- und Pflaumenbäume in Ihrem Garten beheimaten, frischen Sie ein letztes Mal die Pheromonfallen auf, um Apfel- und Pflaumenwickler abzufangen.
Auf Gurken, Zucchini und Kürbis kann sich der Echte Mehltau jetzt rasch ausbreiten und das Laub welken lassen. Entfernen Sie Blätter mit wenigen weißen Flecken sofort, um die weitere Ausbreitung zu verhindern.

FRÜHE OBSTSORTEN ERNTEN

Es gibt frühe Baumobstsorten, die ab Ende Juli bis August reif werden, zum Beispiel Pflaumen, Äpfel, Birnen und Zwetschgen. Achten Sie darauf, ob Ihr Baumobst so weit ist, dass es zum idealen Zeitpunkt geerntet werden kann.

ERDBEEREN ZURÜCKSCHNEIDEN

Wenn Sie keine neuen Erdbeerpflanzen durch Ausläufer bilden wollen, sollten Sie die vorhandenen Pflanzen nach der Fruchtbildung zurückstutzen, da sie sich sonst sehr schnell ausbreiten. Entfernen Sie den Strohmulch sowie das Unkraut. Neue Erdbeerblätter werden bald erscheinen, also machen Sie sich keine Sorgen, wenn Ihre Pflanzen nach dem Rückschnitt etwas kahl aussehen.

BROMBEEREN ERNTEN

Späte Brombeeren bilden noch bis zum Herbst Früchte. Sie dürfen daher noch im August eine kalium- und phosphorbetonte Flüssigdüngung erhalten.

SOMMERHIMBEEREN SCHNEIDEN

Sommerhimbeeren bilden in diesem Jahr die Triebe, die im nächsten Jahr Früchte tragen werden. Das sind lange, kräftige Ruten. Damit diese genügend Platz und Luft bekommen, schneidet man die alten, abgetragenen Ruten bodennah komplett heraus.
Himbeeren, die erst im Herbst tragen, kürzt man genauso, allerdings erst nach der Ernte oder im späten Winter zum kommenden Jahresbeginn!

KARTOFFELN ERNTEN

Die meisten Kartoffeln sind Ende August so weit. Das Laub fängt an, sich gelb zu färben, wenn sie erntereif sind. Die Knollen schwellen dann nicht mehr an, sodass es keinen Vorteil bringt, sie in der Erde zu lassen. Und sie halten sich in einem Sack im Lager genauso gut oder besser als im Boden und werden weniger von Schädlingen befallen. Um die Pflanzen auszugraben, buddeln Sie sie entweder aus oder fassen Sie die Stängel an und ziehen Sie daran. Entfernen Sie die Knollen von den Wurzeln und geben Sie den Spross auf den Komposthaufen. Test: Lässt sich die Schale leicht abrubbeln, ist die Kartoffel nicht lagerfähig. Ist die Schale fest, kann sie gelagert werden.

IN LETZTER MINUTE

Erdbeeren ins Beet setzen: Junge Erdbeerpflanzen können Sie noch bis Ende August ins Beet bringen. Am besten ist es, die Jungpflanzen auf Beetflächen zu setzen, auf denen mehrere Jahre vorher keine Erdbeeren standen. So wird verhindert, dass Krankheitserreger und Schädlinge im Boden die Jungpflanzen attackieren können. Nach dem Pflanzen zum Einwachsen stets feucht halten. Für die Blütenbildung ist es gut, wenn sie über den Winter der Kälte ausgesetzt sind, sie tragen dann im Frühjahr üppig.

Chili-Sorten wie **Jalapeño** und **Cayenne** sind bekannt für ihre Schärfe. Sie fühlen sich bei uns im Gewächshaus wohl und heizen uns beim Essen ordentlich ein.

GEWÄCHSHAUS

TOMATEN KAPPEN

Spätestens Ende des Monats sollten im ungeheizten Gewächshaus die Tomatenpflanzen ausgebremst werden. Neue Früchte würden jetzt bis zum Herbst nicht mehr vollständig ausreifen. Sie ziehen von der Pflanze nur unnötig Energie ab.
Schneiden Sie deshalb jetzt die oberen Triebspitzen ab. So reifen nur noch die bereits vorhandenen Früchte aus. Auch die Seitentriebe kann man nun entfernen sowie alle alten Blätter.
Sind am Ende der Saison alle Tomaten abgeerntet, entfernen Sie die Pflanzenreste und das Laub im November, um Pilzerkrankungen vorzubeugen.

ZWISCHENSTATION FÜR ZWEIJÄHRIGE

Im Juni ging es los mit der Aussaat, im August werden die Zweijährigen pikiert und kommen erst einmal in den Blumentopf. So haben sie im Gewächshaus noch bis zu vier Wochen Zeit, um den Topf kräftig zu durchwurzeln. Ab September werden Fingerhut und Co nach draußen ins Blumenbeet gesetzt, damit sie noch Zeit haben, sich bis zum Winter an ihren neuen Standort zu gewöhnen.

SOMMERGEMÜSE ERNTEN

Im August ist Hochsaison für die heimische Gemüseernte unter Glas. Tomaten, Paprika, Gurken, Auberginen, Zucchini und andere Sommergemüse können Sie jetzt reichlich ernten.

SALATE, KOHL UND SPINAT AUSSÄEN

Feldsalat, Winterportulak, Spinat und Rucola sowie Kohlarten wie der Chinakohl können in diesem Monat im Gewächshaus ausgesät werden und gedeihen später auch bei kühleren Temperaturen noch gut bis zur Erntereife. Auch beim Spinat gibt es Sorten für den Anbau im Herbst und Winter, die im August gesät werden können.

KRÄUTER PFLANZEN

Anfang August im Gewächshaus gepflanztes Basilikum wird noch in der laufenden Saison erntereif. Koriander hat eine kurze Vegetationszeit und ist ideal für die Ernte im Herbst. Petersilie – egal ob glatt oder kraus – ist zweijährig und überwintert gerne im Gewächshaus. Zitronenthymian und Minze sind kälteempfindlich und überstehen die kalte Jahreszeit im Treibhaus besser. Schnittlauch geht immer, er ist frostbeständig und mehrjährig.

PFLANZENSCHUTZ

Luftfeuchtigkeit kontrollieren: Gurkenpflanzen mögen eine relativ hohe Luftfeuchtigkeit im Gewächshaus, am besten zwischen 70 und 80 Prozent. Allerdings ist – auch mit Rücksicht auf die anderen Pflanzen im Gewächshaus – eine gute Belüftung ebenfalls wichtig, um Pilzbefall zu vermeiden. Die Pflanzen widerstehen dann Echtem Mehltau und Spinnmilben leichter.

BRINGT WÜRZE!

5-MINUTEN-PROJEKTE

BLÜTENPFLEGE IM BEET

Viele moderne Beetpflanzen lassen ihre abgestorbenen Blüten von selbst fallen. Ansonsten knipsen Sie verblühte Blüten selber ab, damit die Pflanzen immer wieder neue Blüten hervorbringen. Sammeln Sie tote Blüten vom Boden ab, dann sehen die Beete ansprechender aus. Regelmäßiges Ausputzen fördert zudem die Blühfreudigkeit erheblich.

BESTÄUBUNG BEI GEWÄCHSHAUSTOMATEN

Rütteln Sie Ihre Tomatenpflanzen gelegentlich etwas, wenn sie Blüten haben. Das erhöht die Chancen auf eine erfolgreiche Bestäubung ihrer Blüten und die anschließende Fruchtbildung. Im Gewächshaus fehlen Wind und Insekten, die normalerweise den Pollen verteilen würden. Alternativ bestäuben Sie die Blüten mit einem weichen Pinsel.

KRÄUTER ZURÜCKSCHNEIDEN

Schneiden Sie Basilikum, Oregano und andere Kräuter um ein Drittel zurück, bevor sie blühen. Das hält die Blätter zart und aromatisch. Die abgeschnittenen Triebe können Sie direkt in der Küche verwenden. Schneiden Sie am besten morgens, wenn die ätherischen Öle am konzentriertesten sind.

BUCHSBAUM KONTROLLIEREN

Schauen Sie Ihre Buchsbäume auf Schädlinge an. Sammeln Sie eventuell vorhandene Raupen des Buchsbaumzünslers von Hand ab. Kontrollieren Sie auch auf gelbe oder braune Blätter als Zeichen von Pilzkrankheiten.

PROJEKT DES MONATS

EINEN HERBSTKASTEN BEPFLANZEN

Wenn zum Sommerende die farbenfrohen Einjährigen in den Balkonkästen langsam schlapp machen, wird es Zeit für eine neue Bepflanzung, die auch bis in den Herbst und Winter mit Blüten und dekorativem Blattschmuck punktet.

Perfekt für:
eine frische und langlebige Herbstdekoration von Balkonkästen, Pflanzgefäßen am Hauseingang und Schalen auf der Terrasse.

SO GEHT'S

Nicht nur auf die Bepflanzung schauen, sondern auch auf den Kasten selbst. Behälter aus Holz und Metall lassen sich leicht mit entsprechenden Farben umstreichen. Eine kleine Dose reicht normalerweise. Schleifen Sie die alte Farbschicht vorher mit Sandpapier an, dann hält die neue Farbe besser.

Nehmen Sie die Sommerbepflanzung vorsichtig aus dem Kasten und ersetzen Sie die alte Erde durch neues Pflanzsubstrat. Pflanzen wie Enzian, die einen leicht sauren Boden bevorzugen, brauchen spezielle Moorbeeterde.

Setzen Sie nun die neuen Pflanzen ein. Drücken Sie die Topfballen fest an, füllen Sie nach Bedarf Erde nnach und gießen zum Abschluss das Ganze gut an. Je kühler und feuchter das Wetter wird, desto weniger muss später gegossen werden.

Wenn Sie welke Blüten entfernen, bilden sich schneller neue Knospen. So wirkt der Kasten insgesamt ordentlicher und schöner.

SIE BRAUCHEN

- **Blumenerde**
- **Moorbeeterde für Enziane, Heidekraut und Azaleen**
- **1 Buchs in Pyramidenform**
- **2 Efeupflanzen mit weiß-grün panaschierten Blättern**
- **2-mal Winterbeere (bot. Gaultheria procumbens)**
- **2-mal Herbstenzian**
- **1-mal Günsel (Gatt. Ajuga)**
- **2-mal Steinbrech (Gatt. Saxifraga)**
- **6 Herbstchrysanthemen**

Der kalendarische **Herbst** beginnt mit der Tag- und Nachtgleiche am 22. oder 23. September. Phänologisch ist Herbst, wenn die Holunderbeeren reif sind.

SEP

WAS GIBT ES JETZT ZU TUN?

ZIERGARTEN

Zwiebeln der Frühjahrsblumen pflanzen
Frühjahrsbeete bepflanzen
Beete planen fürs nächste Jahr
Hebe in Form halten
Kühlung für den Gartenteich
Rasen ausputzen
Wintergrüne Hecken schneiden
Unkraut entfernen
Bartfaden pflegen
Rasenpflege vor dem Winter

NUTZGARTEN

Winterharte Kräuter säen
Unkraut entfernen
Kürbisse ernten
Knoblauch pflanzen
Brombeeren auslichten
Bohnen für Saatgut ernten
Kompost herstellen
Wintersalate säen und pflanzen
Gründüngung säen

GEWÄCHSHAUS

Vermehrung mit Stecklingen
Start für Herbst- und Wintergemüse
Blumenzwiebeln pflanzen
Auf den Winter vorbereiten
Vormittags lüften
Schutz von Kübelpflanzen
Düngung und Bewässerung runterfahren

PROJEKT DES MONATS

Samen ernten zum Saisonausklang

DIE GOLDENEN TAGE

Nach den oft heißen und trockenen Augusttagen kehrt nun eine angenehme Frische zurück, die sowohl uns als auch unseren Pflanzen neue Energie schenkt. Warme Tage und kühlere Nächte schaffen ideale Bedingungen für das Pflanzenwachstum und machen die Gartenarbeit zum Vergnügen. Nutzen Sie jeden sonnigen Tag in Ihrem grünen Refugium.

Zuckermais ist erntereif, wenn man ein Korn anritzt und milchiger Saft austritt.

Ein Admiral besucht die blühenden Herbstastern.

Reiche Ernte lockt bei Holunder, Zwetschgen und Brombeeren.

Die Gemüsezwiebeln sind jetzt auch fertig für die Küche.

Die Herbstastern schwelgen in violetten, rosa und weißen Blütenwolken und locken unzählige Schmetterlinge und Bienen an. Zusammen mit leuchtend gelben Rudbeckien, filigranen Gräsern und ersten herbstlich gefärbten Blättern entsteht ein heiteres Farbspektakel. Teilen Sie blühende Stauden wie Funkien, Taglilien und Phlox großzügig – Sie werden im nächsten Jahr mit noch üppigerer Blüte belohnt!

An Ahorn, Kirsche und Hartriegel sind die ersten zarten Herbstfärbungen zu entdecken. Falls Sie schon länger davon träumen, Ihrem Garten eine neue Struktur zu verleihen, ist jetzt die beste Pflanzzeit für Bäume und Sträucher. Der Rasen erholt sich normalerweise vom Sommerstress und zeigt wieder ein satteres Grün. Ihr Gartenteich profitiert ebenfalls von den kühleren Temperaturen – das Wasser klärt sich, und Sie können Ihre Wasserpflanzen pflegen und winterfest machen.

Im Nutzgarten ist die Ernte in vollem Gange. Tomaten reifen in der warmen Herbstsonne zu ihrem vollen Aroma heran, Kürbisse erreichen ihre wahre Größe. Knackige Möhren, süße Rote Bete, aromatische Zwiebeln und die ersten Kohlköpfe belohnen Sie für die Arbeit im Frühjahr und Sommer. Äpfel und Birnen beginnen, reif zu duften, späte Zwetschgen süßen in der Sonne aus, und vielleicht können Sie sich sogar über eine zweite Himbeerernte freuen.

Auch Ihre letzten Tomaten und Paprika können hier in Ruhe ausreifen, während draußen vielleicht schon der erste Frost droht. Gleichzeitig können Sie bereits die ersten Zwiebeln für die Frühjahrsblüte vorziehen – Tulpen, Narzissen und Krokusse in Töpfen werden Ihnen im zeitigen Frühjahr besondere Freude bereiten.

Ihr Garten wird jetzt zu einem begehrten Ruheplatz für die Tierwelt. Zugvögel nutzen Ihre Beerensträucher als Energietankstelle für die große Reise, wenn Sie ein paar Früchte hängen gelassen haben. Rotkehlchen und Amseln sind besonders dankbar für heruntergefallenes Obst. Igel bereiten sich auf den Winterschlaf vor und freuen sich über ungestörte Ecken mit Laub und Reisig. Schmetterlinge wie der Admiral und das Tagpfauenauge besuchen noch einmal ausgiebig Ihre Herbstblüher. Mit ungefüllten Blüten verschaffen Sie ihnen reichlich Nahrung für die kommenden Monate.

ERNTEN UND PLANEN!

Man spürt schon, dass die **Gartensaison** allmählich **zu Ende** geht. Wir richten den Blick nach vorne und bereiten die Beete für den nächsten Frühling vor.

ZIERGARTEN

ZWIEBELN DER FRÜHLINGS-BLUMEN PFLANZEN

Frühlingsblumenzwiebeln werden am besten zwischen September und November gepflanzt, damit sie Zeit haben, sich zu entwickeln und im Frühling blühen. Sie können also jetzt beginnen, einige Frühlingszwiebeln in Beete und Töpfe zu setzen.
Etwas anders ist das nur bei den Tulpen. Sie müssen noch etwas warten und werden idealerweise im November gepflanzt, wenn die Gefahr der Tulpenbrandkrankheit geringer ist. Achten Sie beim Einkaufen auf feste, gesunde Zwiebeln und pflanzen Sie sie, bevor sie im Schuppen liegen bleiben. Im Frühjahr freuen Sie sich über die Blütenpracht!

FRÜHJAHRS-BEETE BEPFLANZEN

Neben den Blumenzwiebeln können Sie auch Beetpflanzen wie Stiefmütterchen (bot. Viola x wittrockiana), Hornveilchen (bot. Viola cornuta), Gänseblümchen (Gatt. Bellis), Windröschen (Gatt. Anemone), Kornblumen (bot. Centaurea cyanus) und Mauerblümchen (Zimbelkraut, bot. Cymbalaria muralis) in die Erde setzen. Wenn Sie diese bereits jetzt im September einpflanzen, haben sie noch Zeit, sich in der neuen Umgebung zu etablieren, bevor das kältere Wetter eintrifft.

BEETE PLANEN FÜRS NÄCHSTE JAHR

Wollen Sie die Beete nächstes Jahr neu bepflanzen? Anders als bei den abgeräumten Beeten im Winter ist es viel einfacher, Veränderungen in den Beeten jetzt zu planen, während die Pflanzen in vollem Wachstum sind. Sie können sich den Platz, den sie jeweils ausfüllen, besser vorstellen und über Farbkombinationen nachdenken. Einige gute Fotos, die Sie jetzt machen, können Ihnen auch später helfen, sich an die Situation zu erinnern.

IDEEN ENTWICKELN!

HEBE IN FORM HALTEN

Hebe oder auch Strauchveronika (bot. Hebe x andersonii) halten Sie in Form, indem Sie die verblühten Blüten an dem darunterliegenden Trieb abschneiden. Dies hilft der gesamten Pflanze, dicht und kompakt zu wachsen.
Sollte sie jedoch ihre gewünschte Form verlieren, können Sie sie später im Frühjahr zurückschneiden. Die meisten Pflanzen reagieren gut auf einen starken Rückschnitt, mit Ausnahme von H. cupressoides und einigen anderen.

KÜHLUNG FÜR DEN GARTENTEICH

Die schwimmenden Blätter von Seerosen und weiteren Wasserpflanzen haben sich auf der Oberfläche des Gartenteichs ausgebreitet.
Sie spenden dem Wasserkörper wohltuenden Schatten und reduzieren die Aufheizung durch die direkte Sonneneinstrahlung, das Wasser bleibt etwas kühler. Haben Sie keine großblättrigen Schwimmpflanzen, sorgen Sie zum Beispiel mit einem gespannten Sonnensegel für Schattierung. Entfernen Sie weiterhin Verblühtes und Abgestorbenes aus dem Wasser und vom Uferrand, damit nicht zu viel Nährstoffe in das Wasser geraten, die zur unerwünschten Algenblüte führen.

RASEN AUSPUTZEN

Rechen Sie jegliches Moos ab und vertikutieren Sie den Rasen. Entfernen Sie das abgestorbene Material. Mit einer Federzinkenharke können Sie den Rasen in verschiedene Richtungen harken, um das meiste davon herauszuholen. Kleinere Unkräuter wie Weißklee können Sie beim Rechen oder Vertikutieren gleich mit entfernen. Die Wurzeln von Gänseblümchen und Löwenzahn entfernen Sie am besten mit einem Unkrautstecher. Wichtig dabei ist, dass Sie möglichst viele Wurzelanteile erwischen. So dämmen Sie sie ein, wenn Sie einer Ausbreitung effektiv entgegenwirken wollen.

WICHTIG!

WINTERGRÜNE HECKEN SCHNEIDEN

Die dauergrünen Eiben (bot. Taxus baccata), Liguster (Gatt. Ligustrum), Lorbeeren (bot. Laurus nobilis), Thujen (Gatt. Thuja) und Leyland-Zypresse (bot. Cupressocyparis leylandii) können jetzt gezielt in Form gestutzt werden. Sie zeichnen dann im Winter saubere Konturen ins Gartenbild, wenn sich die Pflanzen und Hecken vom ruhenden Garten abheben.

UNKRAUT ENTFERNEN

Wildpflanzen wachsen unvermindert fleißig, also entfernen Sie diese, bevor sie reife Samen streuen können. Heben Sie im Beet mit einem Spaten die Erde mitsamt den Wurzeln an und ziehen die Pflanzen dann heraus. An trockenen und sonnigen Tagen können Sie das Unkraut auch mit einer Hacke abschneiden.

BARTFADEN PFLEGEN

Beim Bartfaden (Penstemon-Hybriden) schneiden Sie abgestorbene Blütenköpfe nur bis zum ersten oder zweiten Trieb darunter ab. Ein stärkeres Kürzen würde neues Wachstum stimulieren. Die empfindlichen neuen Triebe könnten dann leicht vom Frost geschädigt werden.

RASENPFLEGE VOR DEM WINTER

Insbesondere durch spielende Kinder oder durch Trampelpfade verdichtete Erde unter dem Rasen erschwert das Wachstum für die Graspflanzen. Belüften Sie alle verdichteten Bereiche, indem Sie zum Beispiel mit einer Gartengabel etwa alle 10 Zentimeter im betroffenen Bereich in den Boden stechen und leicht daran rütteln (aerifizieren).
Versorgen Sie den Rasen im Herbst mit einem speziellen Rasendünger, der das Wurzelwachstum fördert und die Grasnarbe verbessert. Verteilen Sie den Dünger und säen Sie kahle Stellen mit Grassamen nach, um die Grasnarbe zu verdichten.

SCHÖN GRÜN!

Wenn im Herbst die **Kürbisse** zwischen den Blättern leuchten, ist der Herbst angekommen. Viele **Gemüse und Kräuter** bleiben aber noch in den Beeten.

NUTZGARTEN

WINTERHARTE KRÄUTER SÄEN

Winterharte Kräuter wie Koriander, Kerbel, Petersilie und Dill können jetzt noch ins Freiland gesät werden. Parallel können Sie auch einige Töpfe ins Gewächshaus stellen, damit Sie in der Küche auch in den kälteren Monaten immer frische Kräuter zur Verfügung haben. Die genannten Kräuter sind – wie gesagt – jedoch grundsätzlich winterhart, sodass Sie die Pflanzen auch im Freien anbauen und die Blätter bis zum Frühjahr des nächsten Jahres pflücken können, wenn genug vorhanden ist.

UNKRAUT ENTFERNEN

Auftauchendes einjähriges Unkraut lässt sich leicht mit einer Hacke, einem Gartenmesser oder Unkrautstecher ausgraben. Was Ihnen die manchmal mühselige Arbeit vielleicht etwas schmackhafter machen kann: Wenn Sie die Unkrautbekämpfung über eine längere Zeit konsequent durchziehen, wird die Belastung durch die unerwünschten Wildpflanzen mit der Zeit ganz automatisch abnehmen, weil sie sich nicht mehr festsetzen beziehungsweise versamen können.

KÜRBISSE ERNTEN

Jetzt leuchten die Kürbisse in der Septembersonne. Erntezeit ist, wenn der Stielansatz des Kürbisses verholzt und trocken ist. Frost vertragen die Kürbisse nur schlecht, also auf den Wetterbericht achten. Nach einem langen Sommer, in dem Sie sich um die Pflanzen gekümmert haben – düngen, gießen, Schädlinge bekämpfen –, haben Sie schließlich eine Reihe von interessant geformten und farbenfrohen Früchten vor sich. Die Ernte ist sehr befriedigend, wenn man große Prachtexemplare ernten kann. Beachten Sie aber: Reine Zierkürbisse sind nicht zum Verzehr geeignet. Ihr giftiger Bitterstoff „Cucurbitacin" kann zu heftigen Bauchschmerzen und Übelkeit führen.

KNOBLAUCH PFLANZEN

Sie können Knoblauch ab September bis Dezember immer dann ins Beet pflanzen, wenn dort nach der Ernte anderer Pflanzen ein Platz frei wird. Aber auch später ab Januar bis Ende März kann er noch gepflanzt werden.
Wichtig ist immer, dass die Zehen in durchlässigem Boden mit guter Wasserversorgung stecken. Teilen Sie Knollen in ihre einzelnen Zehen – die silbrige Schale soll ruhig dranbleiben– und stecken Sie diese mit der Spitze nach oben etwa 5 Zentimeter tief in die lockere Erde. Knoblauchpflanzen mögen reichlich Wasser, besonders in der Zeit vor der Ernte, wenn die Knollen anschwellen. Ein Wassermangel in dieser entscheidenden Zeit führt zu mickrigen, kleinen Knollen, die sich nur schwer schälen lassen.

PFLANZENSCHUTZ

Schnecken fernhalten: Halten Sie die Anbauflächen immer möglichst ordentlich und frei von dunklen, feuchten Verstecken für Schnecken. Hochbeete schützen zusätzlich empfindliche Setzlinge. Wenn Sie empfindliche Pflanzen im Gewächshaus ansäen und sie eine Weile heranwachsen lassen, bevor sie draußen ins Beet kommen, werden sie von Schnecken nicht mehr so leicht angeknabbert. Dann das Wetter im Auge behalten. Sind einige Tage Regen angesagt, gerade wenn empfindliche Pflanzen ausgepflanzt werden, kontrollieren Sie die jungen Pflanzen im Beet täglich und bringen bei Bedarf zusätzlichen Schutz an.

BROMBEEREN AUSLICHTEN

Wenn die Brombeeren abgeerntet sind, schneiden Sie die Triebe bis auf vier bis sechs neue Jungruten kurz über dem Boden ab.

BOHNEN FÜR SAATGUT ERNTEN

Bohnensamen aufzubewahren ist kinderleicht. Lassen Sie die letzten Bohnen einfach an der Pflanze wachsen, bis sich die Hülsen trocken, rau und papierartig anfühlen. Dann pflücken, die Samen aus den Hülsen schälen und trocken lagern. Es ist wichtig, dass die Bohnen wirklich trocken sind und bleiben, sonst können sie schimmeln. Beschriften Sie die Tütchen oder Behälter mit dem Namen der Sorte und dem Erntedatum. Sie können die Bohnen für die Aussaat im nächsten Jahr aufbewahren.

KOMPOST HERSTELLEN

Wenn Sie jetzt große Mengen an Grünabfällen aus dem Garten haben, können Sie zum Auflockern von einem Bauernhof Holzhackschnitzel, Stroh oder Mist beziehen. Diese Abfälle werden so klein wie möglich zerkleinert und dann in Schichten aus Grünschnitt, Schnittgut und holzigen, härteren Materialien zu einer massiven „Kompostlasagne" verarbeitet. Sobald der Kompost zu zerfallen beginnt, wenden Sie ihn noch einmal mit einer stabilen Laub- oder Silogabel, um auch in die mittleren Bereiche frische Luft zu bringen.

WINTERSALATE SÄEN UND PFLANZEN

Salat wird oft als Sommergemüse angesehen, kann aber auch in den kälteren Monaten erfolgreich gesät und angebaut werden. Wenn Sie zum Beispiel den Kopfsalat ‚Marvel of Four Seasons' und den Romanasalat ‚Little Leprechaun' sowohl draußen als auch im Gewächshaus pflanzen, können Sie frische Winterernten bis zum Frühjahr genießen. Decken Sie die Pflanzen im Freien mit Vlies ab, um sie zu schützen. Genauso gut können Sie Versuche mit Endivien, Gartenkresse, Senf und Rucola machen, die ebenfalls winterfest sind.

IN LETZTER MINUTE

Die letzten Tomaten ernten: Es ist jetzt Zeit, die letzten Tomaten der Freiluftsaison zu ernten. Auch noch nicht reife und grüne Tomaten werden nun gesammelt. Sie lassen sich zu einem würzige Tomaten-Chutney verarbeiten.

GRÜNDÜNGUNG SÄEN

Im Gemüsegarten können die Beete über die kalte Jahreszeit gut für den Anbau von Pflanzen zur Gründüngung genutzt werden. Vor allem Deutsches Weidelgras (bot. Lolium perenne) und Welsches Weidelgras (bot. Lolium multiflorum) werden häufig als Gründüngung eingesetzt, um den Boden zu verbessern und Nährstoffe anzureichern. Überwinterndes Weidelgras muss aber jedes Frühjahr untergegraben werden. Rotklee (bot. Trifolium pratense) und Weißklee (bot. Trifolium repens) verbessern den Boden und sorgen für eine gute Humusbildung. Die Wurzeln binden Stickstoff aus der Luft und machen ihn für folgende Kulturen verfügbar, die Bodenfruchtbarkeit wird erhöht. Rot- oder Weißklee können im Frühjahr leicht ausgerissen oder als Bodendecker belassen werden.

Die Zeichen stehen auf Herbst. **Kübelpflanzen** wie Oleander, Engelstrompete und Hibiskus wandern ins Gewächshaus, bevor die Nächte frostig werden.

GEWÄCHSHAUS

VERMEHRUNG MIT STECKLINGEN

Im September kann man noch sehr gut Sprossstecklinge von Hortensien, Rosen oder Sommerflieder eintopfen. Sie bilden über den Herbst ihre Wurzeln aus und können im nächsten Frühjahr in die Beete im Freiland umziehen.

START FÜR HERBST- UND WINTERGEMÜSE

Säen Sie Radieschen und Blattgemüse wie Spinat, Feldsalat und andere winterharte Sorten. Vorgezogene Jungpflanzen von Endiviensalat und Kopfsalat setzen Sie jetzt in die Gewächshausbeete oder in große Container.

BLUMENZWIEBELN PFLANZEN

Stecken Sie die Zwiebeln von Tulpen, Narzissen und anderen Frühlingsblühern in lockere Erde, die nicht zu nass werden soll. Beachten Sie dabei die für jede Pflanzenart empfohlenen Pflanztiefen und -abstände, damit sich die Pflanzen ungestört entwickeln können.

WICHTIG!

AUF DEN WINTER VORBEREITEN

Räumen Sie jetzt abgeerntete Tomaten, Gurken und Bohnen nach und nach ab. Reinigen Sie die Scheiben, um die Lichtdurchlässigkeit für die dunkle Saison zu erhöhen. Überprüfen Sie dabei gleich auch die Dichtungen und reparieren Sie Schäden.

5-MINUTEN-PROJEKTE

WASSERSCHALEN FÜR VÖGEL AUFFÜLLEN

Reinigen Sie Vogeltränken mit klarem Wasser und entfernen Sie Algen und Schmutz mit einer Bürste. Füllen Sie sie neu auf. Frisches Wasser hilft Vögeln beim Übergang in die kühlere Jahreszeit. Kontrollieren Sie täglich den Wasserstand, da Vögel im Spätsommer besonders viel trinken und baden.

STAUDEN TEILEN

Teilen Sie überwachsene Stauden wie Funkien oder Taglilien mit einem scharfen Spaten. Graben Sie die Pflanze aus, teilen Sie den Wurzelballen und pflanzen Sie die Teilstücke sofort wieder ein. Gut angießen nicht vergessen. Mit dem noch warmen Boden herrschen ideale Bedingungen für das Anwachsen vor dem Winter.

KOMPOST WENDEN

Wenden Sie Ihren Kompost mit einer Mistgabel um. Mischen Sie trockenes Material (Laub, Zweige) unter feuchte Küchenabfälle. Dies verbessert die Belüftung und beschleunigt den Verrottungsprozess. Wenden Sie alle 4 bis 6 Wochen, um gleichmäßige Zersetzung zu fördern und Geruchsbildung zu vermeiden.

HERBSTDÜNGER FÜR DEN RASEN AUSBRINGEN

Verteilen Sie auf kleineren Rasenflächen gleichmäßig kaliumreichen Herbstrasendünger. Verwenden Sie einen Handstreuer oder streuen Sie direkt aus der Hand. Der Dünger stärkt die Gräser für den Winter und macht sie widerstandsfähiger gegen Frost. Anschließend leicht wässern.

VORMITTAGS LÜFTEN

Das Gewächshaus bei gutem Wetter täglich für ein paar Stunden lüften, vorzugsweise nur noch vormittags. Das Glashaus erwärmt sich dann bis zum Abend wieder etwas, sodass die Pflanzen die kühlere Nacht gut überstehen.

SCHOTTEN DICHT!

SCHUTZ VON KÜBELPFLANZEN

Jetzt, wo das Gewächshaus fast leer ist, sollten Sie einmal gründlich sauber machen. Dann holen Sie im Laufe des Monats frostempfindliche Kübelpflanzen aus dem Garten und von der Terrasse ins Gewächshaus.

WICHTIG!

DÜNGUNG UND BEWÄSSERUNG RUNTERFAHREN

Stellen Sie im Gewächshaus die Düngung ein, um in Vorbereitung auf die Ruhezeit im Winter das Ausreifen der Pflanzen zu fördern. Gegossen wird jetzt auch sparsamer und nur bei festgestelltem Bedarf.
Kakteen und Sukkulenten dürfen nun gar nicht mehr gegossen werden, da sie eine Winterruhe durchmachen. Erst im Frühjahr wird wieder mit dem Gießen begonnen, dann wachsen sie auch wieder.

PROJEKT DES MONATS

SAMEN ERNTEN ZUM SAISONAUSKLANG

Jetzt, da sich der Sommer dem Ende zuneigt, ist der Zeitpunkt gekommen, um reife Samen zu sammeln oder Stecklinge von Ihren Lieblingspflanzen zu nehmen (siehe S. 40 und 220), damit Sie sie nächstes Jahr wieder anbauen können.

Perfekt für:
die kostengünstige Vermehrung Ihrer Lieblingsblumen und Gemüsepflanzen für die nächste Anbausaison. Nicht geeignet für F1-Hybride.

SO GEHT'S

1 Sammeln Sie jetzt alles, was Sie aus Samen wieder ansäen möchten, solange es sich nicht um eine F1-Sorte handelt. Das aus diesen Hybridpflanzen gewonnene Saatgut variiert in den Eigenschaften sehr stark und kann sogar unfruchtbar sein.

2 Sobald die Samenstände an der Pflanze trocknen und sich öffnen, um ihre Samen freizugeben, sammeln Sie diese an einem trockenen Tag, da feuchte Samen bei der Lagerung verrotten können.

3 Winterharte mehrjährige und einjährige Samen können Sie sofort aussäen und in einem Frühbeetkasten überwintern, bevor die Keimlinge im neuen Jahr pikiert werden.

4 Schütteln Sie die anderen Samen direkt in einen Papierumschlag, bevor Sie ihn verschließen und mit der Pflanzenart sowie dem Datum der Ernte beschriften. Lagern Sie mehrere Umschläge zusammen mit einem Päckchen Kieselgel in einer Plastikbox im Kühlschrank oder an einem kühlen, trockenen Ort.

SIE BRAUCHEN

- **Schere zum Abschneiden der Samenbehälter**
- **Mittig geknicktes Blatt Papier zum Sammeln der Samenkörner**
- **Papierumschläge**
- **Stift zum Beschriften**
- **Beutelchen mit Silicagel**
- **Verschließbare Plastikbox(en)**

Quitten leuchten golden im Oktoberlicht. Traditionelle Sorten werden zu **Marmelade** und **Gelee** verarbeitet. Veredelte Sorten kann man auch roh genießen.

OKT

WAS GIBT ES JETZT ZU TUN?

ZIERGARTEN

Sommerbeete räumen

Bei Dahlien alte Blüten entfernen

Prärieastern vermehren

Komposthaufen wenden

Blumenzwiebeln für Weihnachten setzen

Reinen Laubkompost herstellen

Laub vom Rasen entfernen

Empfindliche Uferpflanzen schützen

Fische pflegen

NUTZGARTEN

Abgeerntete Beete mulchen

Basilikum reinholen

Frühlingskohl pflanzen

Wurzel- und Zwiebelgemüse ernten

Knoblauch pflanzen

GEWÄCHSHAUS

Gewächshauskulturen entfernen

Glashaus aufräumen

Zarte Pflanzen überwintern

Gegen Kälte isolieren

Wintersalate ins Freie auspflanzen

Karotten säen

Duftwicken säen

Heizung starten

PROJEKT DES MONATS

Frühbeetkasten selber bauen

DER HERBST STEHT AN DER GARTENPFORTE

Der Oktober verzaubert mit unvergleichlichem Farbenspiel und schenkt uns besondere Momente. Während die Natur langsam zur Ruhe kommt, eröffnen sich neue Perspektiven auf unseren Garten. Das warme Licht der tief stehenden Sonne lässt Morgentau wie Diamanten funkeln und taucht unsere grüne Oase in eine märchenhafte Atmosphäre.

Wie Flammen leuchten jetzt die Blätter verschiedener Ahornsorten.

Oktober ist ein guter Monat, um Gehölze wie den Hartriegel zu pflanzen.

Trockene Ziergräser glänzen durch frostigen Raureif im Morgenlicht.

Ahorne leuchten in allen Schattierungen von Gelb über Orange bis hin zu tiefem Rot, während Birken ihr zitronengelbes Kleid anlegen. Ginkgo und Amberbaum setzen weitere spektakuläre Akzente. Chrysanthemen strahlen in warmen Herbstfarben, späte Astern locken die letzten Schmetterlinge an, Ziergräser wiegen sich im Wind wie goldene Wellen.

Nutzen Sie milde Oktobertage für letzte Pflanzaktionen. Bäume und Sträucher, die Sie jetzt setzen, haben noch etwas Zeit, um vor dem ersten strengen Frost anzuwachsen.

Der Rasen profitiert von kühleren Temperaturen und häufigeren Niederschlägen. Das Gras wächst nach Ihren Pflegemaßnahmen im September noch einmal kräftig und entwickelt ein sattes Grün. Im Gartenteich wird es jetzt ruhiger. Entfernen Sie Laub von der Wasseroberfläche und machen Sie empfindliche Wasserpflanzen winterfest.

Ihr Garten beschert Ihnen auch im Oktober noch reichlich Ernte! Kürbisse haben ihre volle Reife erreicht und leuchten in den schönsten Orange- und Gelbtönen zwischen den welkenden Blättern. Kohlgemüse wie Rosenkohl, Grünkohl und Wirsing erreichen jetzt ihre beste Qualität – ein erster leichter Frost macht sie sogar noch schmackhafter und süßer. Dicke Bohnen können Sie bereits für eine frühe Ernte im nächsten Jahr säen. In der Kräuterecke schneiden Sie die letzten frischen Triebe von Rosmarin, Thymian und Salbei für die Winterkonservierung. Petersilie und Schnittlauch können Sie noch ernten, bevor sie in die Winterpause gehen.

Auch im herbstlichen Oktober lauern noch einige Gefahren für die Pflanzen. Bei feuchtwarmer Witterung achten Sie besonders auf Grauschimmel an Ihren letzten Tomaten und Paprika. Kranke Pflanzenteile entfernen Sie dann sofort und entsorgen die über den Hausmüll. Schnecken sind bei mildem Wetter auch noch unterwegs. Kontrollieren Sie insbesondere Ihre Wintersalate und jungen Aussaaten. Wühlmäuse sind eifrig damit beschäftigt, Wintervorräte anzulegen – schützen Sie Ihre Blumenzwiebeln und jungen Bäume entsprechend.

An milden Herbsttagen können auch Blattläuse noch einmal verstärkt auftreten, besonders an Rosen und frischen Trieben von Gehölzen. Wer auch dafür noch ein Auge hat, kann frühzeitig eingreifen und größere Schäden vermeiden.

JACKE AN
UND LOS!

Der Oktober steht ganz im Zeichen von **Aufräumen** und **Ausmisten**. Krautige Pflanzen gehen jetzt langsam ein, Gehölze lassen bunt gefärbte Laubblätter fallen.

ZIERGARTEN

IN LETZTER MINUTE

Stauden in Ordnung bringen: Schneiden Sie alle krautigen Zierpflanzen zurück, die ihre Blütezeit offensichtlich hinter sich haben. Pflanzen mit Samenköpfen können Sie allerdings noch ungeschoren lassen, damit Standvögel über den Winter etwas Nahrung finden können.

SOMMERBEETE RÄUMEN

Die einjährigen Sommerblumen welken jetzt auch eher dahin. Es ist an der Zeit, sie zu entfernen und auf den Komposthaufen zu bringen. Den nackten Boden können Sie noch mit Kompost mulchen, damit die Kleinlebewesen in den Boden einziehen und ihn über den Winter wieder aufbereiten. Im Frühjahr können Sie dann neue Pflanzen in die Beete bringen.

BEI DAHLIEN ALTE BLÜTEN ENTFERNEN

Dahlien blühen so lange, bis der Frost das Laub schwarz färbt. Um die Pflanzen zu einer reichen Blütenpracht zu animieren, sollten Sie die alten Blüten entfernen, sobald sie verblüht sind. Die abgestorbenen Blütenköpfe können kompostiert werden.

KRAFT FÜR NEUE BLÜTEN!

PRÄRIE-ASTERN VERMEHREN

Prärie-Astern (bot. Aster turbinellus) sind robust und pflegeleicht. Sie stehen gerne an vollsonnigen Standorten im sandigen Boden und kommen mit Trockenheit sehr gut zurecht. Die Vermehrung ergibt sich fast von selbst: Sie versamen sich stark. Wo die Sämlinge unerwünscht sind, entfernen Sie diese und setzen sie in Töpfe. Wenn Sie selbst keinen Platz mehr frei haben, verschenken Sie sie an Gartenfreunde, die auch schöne Herbstblüher ohne Pflegeaufwand haben möchten.

KOMPOSTHAUFEN WENDEN

Im Herbst fällt durch die ganzen Aufräumarbeiten vor dem Winter viel organisches Material an, das kompostiert werden muss. Damit es schnell verrottet, sollten Sie den Inhalt regelmäßig wenden, um das Material aufzulockern und mehr Sauerstoff hineinzulassen. Bei kalter Witterung läuft die Verrottung naturgemäß langsamer ab, aber sobald es ein paar wärmere Tage gibt, wird sie sich beschleunigen.

WICHTIG!

BLUMENZWIEBELN FÜR WEIHNACHTEN SETZEN

Pflanzen Sie bis Anfang Oktober die Zwiebeln von frühen Hyazinthensorten (Gatt. Hyacinthus) etwa 10 Zentimeter tief in Töpfe. Stellen Sie sie an einen kühlen (10 Grad), dunklen Ort, bis die Triebe etwa 5 Zentimeter hoch sind, bevor Sie sie ins Haus holen.

Pflanzen Sie bis Mitte Oktober eine frühe Sorte von Amaryllis (Gatt. Hippeastrum). Große Zwiebeln haben am meisten Reserven zur Ausbildung der Blütentriebe. Setzen Sie sie in Töpfe, die 2 bis 3 Zentimeter breiter sind als die Zwiebel. Es reicht, diese sparsam zu gießen, bis sich die Blätter entwickeln.

REINEN LAUBKOMPOST HERSTELLEN

Es gibt verschiedene Methoden zur Herstellung von reinem Laubkompost, die Folgende hat sich in der Praxis am besten bewährt: Zerkleinern Sie das Laub, indem Sie mit einem Rasenmäher mit Fangkorb darüberfahren oder es mit einem Laubsauger aufsammeln. Das geht am einfachsten, wenn das Laub trocken ist. Besprühen Sie es dann aber reichlich mit Wasser. Stecken Sie die das zerkleinerte Laub in schwarze Plastiksäcke (Müllsäcke) und verschließen Sie diese, wenn sie voll sind. Stechen Sie mit einer Gartengabel ein paar Löcher in die Säcke. Lassen Sie die Säcke dann in einer ruhigen Ecke des Gartens stehen. Das war es schon: Nach zwölf Monaten sollte der leichte, krümelige Blattkompost fertig sein.

IN LETZTER MINUTE

Frühlingstöpfe bepflanzen: Wenn Sie noch keine Töpfe mit Frühlingsblühern bepflanzt haben, ist jetzt noch Zeit, Beetpflanzen wie Hornveilchen, Stiefmütterchen und Mauerblümchen sowie Frühlingsblumenzwiebeln in große Töpfe oder Schalen zu setzen. Stellen Sie die Töpfe an einen geschützten Ort, zum Beispiel unter ein Vordach oder die Terrassenüberdachung, damit die Pflanzen den Winter über blühen und nicht in der Winternässe verfaulen. Alpenveilchen (Gatt. Cyclamen) und Zierkohl (bot. Brassica oleracea) sind besonders anfällig für Fäulnis in feuchter Umgebung. Die roten Arten vertragen niedrige Temperaturen am besten.

EMPFINDLICHE UFERPFLANZEN SCHÜTZEN

Einige Schilfarten werden dicht über der Erde komplett zurückgeschnitten. Andere Schilfarten und Röhrichtpflanzen am Teichufer binden Sie zusammen. So sind sie besser vor starken Winden geschützt. Zu üppig gewachsene Uferpflanzen kürzen Sie jetzt ein und entfernen dabei abgestorbene Triebe. Vor den ersten Nachtfrösten sollten Sie dann empfindliche Uferpflanzen mit einem Vlies, mit Reisig oder Laub abdecken, damit sie nicht erfrieren.

AUFBINDEN UND ABDECKEN!

LAUB VOM RASEN ENTFERNEN

Die einfachste Methode, den Rasen von Laub zu befreien, ist, mit einem Rasenmäher rüberzufahren. Das Laub wird geschredderd und verrottet schneller. Auf den Beeten können Sie etwas Laub auch liegen lassen. Auf Wegen und befestigten Flächen sollten Sie die Blätter aber sofort aufsammeln oder zusammenkehren, da sie gefährlich rutschig werden können, vor allem bei nassem Wetter.

WICHTIG!

FISCHE PFLEGEN

Haben Sie Fische im Teich, die den Winter über draußen bleiben, müssen Sie nicht mehr zufüttern, sobald die Wassertemperatur unter 10 Grad Celsius rutscht. Kontrollieren Sie jetzt täglich die Temperatur im Teich.

Im Nutzgarten ist die **Ernte** in vollem Gange. Parallel laufen die **Vorbereitungen** auf den ersten Frost: Kübelpflanzen reinholen und Wasserleitungen entleeren.

NUTZGARTEN

ABGEERNTETE BEETE MULCHEN

Die Erde speichert noch etwas Wärme, jetzt ist ein guter Zeitpunkt zum Mulchen auf dem nackten Beet, nachdem dieses gesäubert wurde. Eine etwa 5 Zentimeter dicke Schicht Kompost wirkt wie eine isolierende Decke. Außerdem fördert sie das Bodenleben, was die Fruchtbarkeit steigert und zum Aufbau der Bodenstruktur beiträgt.

BASILIKUM REINHOLEN

Basilikum mag es warm. Eine kalte Nacht im Oktober, und die Pflanzen, die jetzt noch im Freien stehen, gehen kaputt. Buddeln Sie die Pflanzen aus, topfen sie ein und stellen sie bei 15 bis 20 °C auf ein helles Fensterbrett. Dann können Sie noch lange frische Blätter ernten. Übrigens können Sie auch die Blüten zum Würzen verwenden.

FRÜHLINGSKOHL PFLANZEN

Wenn Sie vor vier bis sechs Wochen Frühlingskohl gesät haben oder jetzt Jungpflanzen kaufen können, ist Anfang Oktober ein guter Zeitpunkt, um sie ins Freiland auszupflanzen.
Achten Sie darauf, dass die zarten Pflanzen nicht hungrigen Tauben und Kaninchen zum Opfer fallen. Schützen Sie sie dazu mit Abdeckungen aus Netzen oder feinem Maschendraht.

SICHER IST SICHER!

WURZEL- UND ZWIEBELGEMÜSE ERNTEN

Ernten Sie Möhren, Pastinaken, Rüben und Lauch nach Ihrem aktuellen Bedarf. Im Herbst geerntete Möhren sind durch den Kälteeinfluss süßer. Sie können auch noch ein bisschen länger im Beet bleiben, eine dicke Lage Stroh schützt sie dann vor starkem Frost.

IN LETZTER MINUTE

Gründüngung säen: Vielleicht haben Sie bereits im September damit begonnen (siehe Seite 159). Zusätzlich zu den genannten Pflanzen eignen sich auch Zottel- oder Winterwicken (bot. Vicia villosa), die gute Stickstofflieferanten sind. Ihre Wurzeln lockern bei verdichteter Erde auch die Bodenstruktur auf. Im Frühjahr schneiden Sie die Wicken auf den Beeten etwa einen Monat vor der Bepflanzung mit Gemüse ab und bedecken sie dann mit Erde, um die Wurzeln abzutöten. Die nährstoffreichen Pflanzen verrotten dann rechtzeitig im Boden.

KNOBLAUCH PFLANZEN

„Sommerknoblauch", der ab Mitte Februar bis Mitte April gepflanzt wird, kann schon ab August geerntet werden. Der Vorteil von „Winterknoblauch", der jetzt ins Beet kommt: Seine Knollen sind größer, denn die Pflanzen haben bis zur Ernte im Juli des Folgejahrs länger Zeit zum Wachsen.

Nehmen Sie aber keine Knollen aus dem Supermarkt. Da diese meist aus warmen Ländern kommen, sind sie unsere kühlen Herbsttemperaturen nicht gewöhnt. Sie können speziellen Winterknoblauch im Fachhandel kaufen oder auf Knollen aus heimischem (Bio-)Anbau zurückgreifen. Am Beet brechen Sie die Zwiebel in die einzelnen Zehen auf und drücken diese in die Erde, sodass die Spitze gerade bedeckt ist. Setzen Sie die Zehen in einem Abstand von jeweils 15 Zentimetern in Reihen mit einem Abstand von 30 Zentimetern, sodass sich das Unkraut dazwischen leicht aushacken lässt.

Alternativ können Sie den Knoblauch in einem kalten Gewächshaus oder einem Polytunnel anbauen. Das reduziert das Risiko einer Infektion mit Rost. Und die Pflanzen entwickeln sich in geschützter Lage oft besser als im Freiland. Sie sollten schon im nächsten Juni erntereif sein.

5-MINUTEN-PROJEKTE

LETZTE HERBSTHIMBEEREN ERNTEN

Pflücken Sie alle reifen Himbeeren ab, auch die kleineren. Nach der Ernte schneiden Sie die abgetragenen Ruten der Herbsthimbeeren bodennah ab. Die jungen grünen Triebe bleiben stehen – sie tragen im nächsten Jahr die Früchte.

GEWÄCHSHAUS-LÜFTUNG ANPASSEN

Reduzieren Sie die Lüftung im Gewächshaus auf das Minimum. Schließen Sie automatische Fensteröffner oder stellen Sie sie auf eine höhere Auslösetemperatur ein. Bei sonnigen Tagen trotzdem kurz lüften, um Pilzkrankheiten durch Staunässe zu vermeiden.

WASSERHÄHNE UND LEITUNGEN FROSTFREI MACHEN

Drehen Sie die Außenwasserhähne zu und lassen Sie das restliche Wasser aus den Leitungen ab. Entfernen Sie Gartenschläuche und lagern Sie sie frostfrei. Wassertanks entleeren oder mit einem Eisfreihalter ausstatten, damit sie nicht platzen.

VOGELFUTTERSTELLE EINRICHTEN

Hängen Sie Meisenknödel auf oder füllen Sie das Vogelhäuschen mit Körnern. Achten Sie auf einen katzensicheren Standort mit guter Übersicht. Eine Wasserschale in der Nähe nicht vergessen – auch im Winter brauchen Vögel Trinkwasser, besonders an frostfreien Tagen.

Im Gewächshaus ist jetzt **eine ganze Menge zu tun**: Aufräumen, reinigen, die Technik überprüfen, eine Isolierung anbringen und neue Kulturen anlegen.

GEWÄCHSHAUS

GEWÄCHSHAUSKULTUREN ENTFERNEN

Gewächshauspflanzen wie Tomaten haben im Oktober ihre beste Zeit hinter sich, also entfernen Sie die alten Pflanzen und geben sie in die Grüne Tonne oder auf den Komposthaufen. Falls Sie noch grüne Tomaten haben, reifen diese am besten an einem dunklen Ort mit zimmerwarmer Temperatur, zum Beispiel in einer Küchenschublade.

GLASHAUS AUFRÄUMEN

Wenn Tomaten und Gurken bereits raus sind, ist das Gewächshaus nicht mehr so voll. Ein guter Zeitpunkt, um es aufzuräumen. Sortieren Sie Ihre Töpfe und Schalen nach Größen, säubern Sie die Etiketten, damit sie wiederverwendet werden können, und fegen Sie alte Blätter und Pflanzenreste zusammen.

ZARTE PFLANZEN ÜBERWINTERN

Wenn Sie empfindlichere Pflanzen wie zum Beispiel Blumenrohr (Gatt. Canna) haben, sollten Sie sie jetzt ins Gewächshaus oder ein Frühbeet holen, bevor sie vom Frost abgetötet werden. Wählen Sie auf jeden Fall einen hellen, frostfreien Platz. Halten Sie die Pflanzen während des Winters trocken, damit sie nicht zu stark wachsen. Im Frühjahr können Sie die Pflanzen dann wieder zu neuer Aktivität anregen, indem Sie die Wassergaben schrittweise erhöhen.

GEGEN KÄLTE ISOLIEREN

Je nach Größe und Nutzung im Winter können Sie das Gewächshaus in mehrere Bereiche aufteilen, um unterschiedliche Wärmezonen im Haus zu schaffen. Dazu werden Trennwände aus passend dimensionierten Rahmen aus Holzleisten mit Noppenfolie betackert. Durchgänge können Sie mit zwei überlappenden Lagen anlegen. An der Rahmenkonstruktion des Gewächshauses selbst können Sie mit Klammern aus dem Gartencenter eine zusätzliche Lage Noppenfolie als Isolierung anbringen, die die Heizkosten beträchtlich senkt.

HEIZKOSTEN SENKEN!

WINTERSALATE INS FREIE AUSPFLANZEN

Wintersalate, die im September in Modulschalen gesät wurden, sollten jetzt groß genug sein, um ausgepflanzt zu werden. Am besten ist es, sie im kalten Gewächshaus oder im Freien unter Vlies oder insektensicherem Netz anzubauen. Bedecken Sie die Beete zunächst mit einer 3 bis 5 Zentimeter dicken Mulchschicht und pflanzen Sie dann die Pflanzen im Abstand von 20 Zentimetern, da sie über einen langen Zeitraum, von November bis Anfang Mai, geerntet werden.

KAROTTEN SÄEN

Säen Sie bis Mitte Oktober Möhren in einem kalten Gewächshaus, Polytunnel oder im Freien unter einer Cloche, also einer Schutzabdeckung, aus, um sie als Setzlinge zu überwintern und im April zu ernten.

IN LETZTER MINUTE

Gewächshausglas reinigen: Reinigen Sie im Gewächshaus das Glas und/oder das Polyethylen gründlich, damit mehr Licht zu den Pflanzen gelangt. Das macht n den trüben Wintermonaten einen großen Unterschied und verhindert, dass die überwinternden Pflanzen auf der Suche nach Licht möglichst materialsparsam in die Höhe wachsen und instabil werden.

DUFTWICKEN SÄEN

Damit Sie im kommenden Jahr so früh wie möglich in den Genuss dieser zauberhaften Blüten kommen, können Sie Ende Oktober einen ersten Satz aussäen, der dann ab März/April ausgepflanzt wird und ab Juni blüht. Es ist hierbei nicht notwendig, die Samen vorzuquellen, da sie ohnehin den Winter in einem kalten Gewächshaus oder frostfrei im Frühbeet überwintern und ihnen genug Zeit für die Entwicklung bleibt.

HEIZUNG STARTEN

Testen Sie, ob alle Thermostate korrekt funktionieren. Stellen Sie die gewünschte Mindesttemperatur ein. Für ein warmes Gewächshaus sind das mindestens 12 bis 15 Grad Celsius.

PFLANZENSCHUTZ

Wenn es enger wird im Gewächshaus, kontrollieren Sie alle Pflanzen regelmäßig auf Blattläuse, Weiße Fliegen und Spinnmilben, die sich hier besonders wohlfühlen. Hängen Sie Gelbtafeln auf, um einen Befall frühzeitig zu erkennen. Bei starkem Befall können Sie biologische Pflanzenschutzmittel oder Nützlinge wie Raubmilben einsetzen. Regelmäßiges Lüften an frostfreien Tagen ist die beste Vorbeugung gegen viele Probleme mit Insekten, Milben und Pilzen.

WARNSIGNAL!

PROJEKT DES MONATS

FRÜHBEETKASTEN SELBER BAUEN

Dieser einfache, aber attraktive Frühbeetkasten aus alten Obstkisten ist ideal, um Jungpflanzen abzuhärten, bevor sie ausgepflanzt werden. Der Bau ist auch für Anfänger machbar.

SIE BRAUCHEN

- **Alte Obstkiste aus Holz**
- **Plexiglas oder Doppelstegplatte für den Deckel**
- **Säge**
- **Hammer mit Klauen**
- **Nägel**
- **Lineal**
- **Cutter oder scharfes Messer**
- **Gartenschnur**
- **Bleistift**

SO GEHT'S

1 Lösen Sie die oberen Wandbretter der Obstkiste vorsichtig mit den Klauen des Hammerkopfes, ohne dass das Holz splittert – die Brettchen brauchen Sie später noch. Schneiden Sie die alten Seitenbretter mit einer Säge in der Diagonalen durch, sodass der Kasten, wenn sie wieder angenagelt werden, schräge Seiten hat. Das Vorderende schneiden Sie auf die Breite der Kiste zu, das andere Ende bleibt so, wie es ist.

2 Nun werden die zugesägten Bretter wieder an die Kiste genagelt, und zwar so, dass sie direkt an die unteren Bretter stoßen. Wenn die alten Nägel zu verrostet sind, sollten Sie besser gleich neue verwenden.

3 Mit einer feinen Fuchsschwanzsäge kappen Sie die überstehenden senkrechten Pfosten auf Höhe der Seitenbretter. Schartige Kanten können Sie mit Sandpapier glätten.

4 Schlagen Sie in das Brett auf der Vorderseite von außen einen kurzen Nagel nach innen ein und halten Sie dabei auf der Innenseite einen kleinen Holzblock dagegen. Der wird später als Ablage für den Deckel dienen. Lassen Sie den Nagel ein kleines Stück herausragen.

5 Genauso verfahren Sie auf der Rückseite: Nageln Sie auf gleicher Höhe von außen zwei kleine Holzstückchen in den Ecken fest. Schlagen Sie auch hier die Nägel nicht ganz ins Holz. Schneiden Sie dann als Deckel ein Stück Plexiglas oder Doppelstegplatte passend zu.

6 Binden Sie Gartenschnur an einen hinteren Nagel, ziehen Sie sie diagonal über den Deckel, unter dem vorderen Nagel hindurch und zurück zur anderen Seite. Festbinden, Pflanzen hineinstellen ... fertig.

NOV

Die filigrane Schönheit der Blütenstände von **Ziergräsern** kommt im Garten jetzt voll zur Geltung. Gepflanzt werden noch zahlreiche wurzelnackte Gehölze.

WAS GIBT ES JETZT ZU TUN?

ZIERGARTEN

- Restliches Herbstlaub sammeln
- Komposthaufen bewirtschaften
- Nadeln entfernen
- Dahlien überwintern
- Krokuswiese anlegen
- Pflanzzeit für frühe Blüher
- Tulpen pflanzen
- Stauden verschonen
- Steppeniris teilen
- Rasen pflegen
- Gartenteich vorbereiten
- Efeu zum Blühen bringen
- Laubfarne verjüngen
- Wilden Wein einkürzen

NUTZGARTEN

- Saubohnen säen
- Knollensellerie ernten
- Mulch verteilen

GEWÄCHSHAUS

- Blattgemüse säen und pflanzen
- Winterbetrieb vorbereiten
- Lagerhaltung
- Topfpflanzen überwintern
- Warmhaus vorbereiten

PROJEKT DES MONATS

- Winterschutz im Garten

VORBEREITUNG AUF DIE WINTERRUHE

Während draußen die letzten Herbstfarben in warmen Tönen leuchten und die Natur sich langsam auf die Winterruhe einstellt, haben Sie jetzt die Muße, um in aller Ruhe die Zukunft zu planen. Beim Durchblättern von Katalogen und beim Sammeln von Samen entstehen oft die besten Ideen für neue Projekte und Verbesserungen.

Dem Tee aus Samen der Mariendistel wird eine leberstärkende und entgiftende Wirkung zugeschrieben.

Die Singdrossel freut sich jetzt über Beerenfrüchte.

Mulchschicht zwischen Lauchreihen

Sieht exotisch aus und klingt erst einmal widersprüchlich: roter Grünkohl.

Die letzten Einjährigen wie Tagetes, Petunien und Begonien welken jetzt dahin und können entfernt werden. Auf den Beeten, die nun frei werden, sollte eine Schicht aus Laub, Kompost oder organischem Mulch den Boden vor Frost und Erosion schützen sowie Nahrung für die wichtigen Bodenlebewesen bieten. Bei den Stauden wird es ruhig. Während manche wie Astern und Chrysanthemen noch in Blüte stehen und wertvolle Nahrung für die letzten Bienen und Schmetterlinge des Jahres bieten, beginnen andere ihren Rückzug in die unterirdischen Speicherorgane.

Die meisten Gehölze im Garten haben die Blätter abgeworfen und bereiten sich auf die kalte Jahreszeit vor. Wenn Sie bei mildem Wetter Bäume und Sträucher setzen, können die Pflanzen ihre Energie in die Wurzelbildung stecken, ohne gleichzeitig Blätter versorgen zu müssen. Neu gepflanzte Gehölze sollten Sie gut wässern und bei empfindlichen Arten einen Winterschutz vorsehen.

Beim Gartenteich sollten fallende Blätter täglich abgefischt werden. Wenn Sie Fische im Teich haben, stellen Sie die Fütterung bei Wassertemperaturen unter 10 Grad vollständig ein. Die Teichpumpe können Sie bei ersten Frösten abschalten und frostfrei überwintern.

Spätes Gemüse wie Rosenkohl, Grünkohl und Porree zeigt sich jetzt von seiner besten Seite – die ersten Fröste verbessern sogar den Geschmack dieser robusten Wintergemüse. Wurzelgemüse wie Möhren, Rote Bete und Schwarzwurzeln können Sie nach Bedarf ernten oder mit einer Schicht Stroh abdecken, um sie auch bei gefrorenem Boden noch aus der Erde holen zu können. Empfindliche Kräuter wie Rosmarin schützen Sie in raueren Lagen mit Reisig oder Vlies. Auch Schnittlauch und Petersilie lassen sich durch eine Vliesabdeckung oft noch bis in den Winter hinein ernten. Im Gewächshaus gedeihen Feldsalat, Spinat, Radieschen und Asia-Salate auch bei niedrigen Temperaturen hervorragend.

Viele Vögel sind jetzt auf der Suche nach geeigneten Überwinterungsplätzen und freuen sich über naturnahe Bereiche mit Samenständen, Beerensträuchern und Versteckmöglichkeiten.

Igel verziehen sich in ihren Winterschlaf. Laubhaufen unter Sträuchern und unaufgeräumte Bereiche im Garten bieten ihnen ideale Rückzugsmöglichkeiten.

DER WINTER KOMMT!

Im November wird es Zeit, Zwiebeln von **Frühblühern** wie Tulpen, Narzissen und Krokusse in die Erde zu bringen, so lange der Boden noch nicht gefroren ist.

ZIERGARTEN

RESTLICHES HERBSTLAUB SAMMELN

Das letzte bisschen Laub auf Blumenrabatten und im Gemüsebeet kann jetzt liegen bleiben, da Würmer es im Winter allmählich in den Boden ziehen. Nur harte Oberflächen wie Gehwege und Terrasse sollten Sie sauber halten, da diese in den nächsten Monaten durch nasses Laub rutschig und gefährlich werden können. Langstielige Laubschaufeln sind ideal, damit Sie sich beim Aufsammeln oder -kehren der Blätter nicht bücken müssen.

KOMPOSTHAUFEN BEWIRTSCHAFTEN

Mischen Sie stickstoffreiche grüne Substanz mit kohlenstoffreicher brauner Substanz, einschließlich Pappe und Papier, etwa im Verhältnis 50 zu 50. Grobes Pflanzenmaterial sollte zu kleinen Stücken geschreddert sein. In längeren Trockenperioden halten Sie den Kompost feucht, aber nicht matschig. Eine gute Luftzirkulation und mikrobielle Aktivität sind entscheidend. Die Temperatur im Inneren des Komposthaufens liegt ideal bei 45 bis 65 °C. Wenden Sie den Haufen nach einigen Wochen, um Luft einzubringen und die Zersetzung zu beschleunigen. So sollte der Kompost nach acht Monaten verwendbar sein.

WICHTIG!

NADELN ENTFERNEN

Auch bei wintergrünen Nadelgehölzen fallen die Nadeln und Zapfen langsam ab und bilden einen Nadelteppich auf dem Boden. Die Gerbsäuren in diesen Pflanzenresten versauern bei der Verrottung den Boden. Für Pflanzen wie Rhododendren, die einen sauren Boden bevorzugen, ist das gut, aber aus Gemüsebeeten müssen Nadeln und Zapfen raus. Ansonsten wird eine aufwendige Pflege mit Kalk gegen die Säure im Boden nötig, um den Boden wieder pH-neutral zu bekommen.

ZU VIEL SÄURE!

DAHLIEN ÜBERWINTERN

Wenn der Frost das Laub der Dahlien geschwärzt hat, ist es Zeit, sie auf den Winter vorzubereiten. Bei gut durchlässiger Erde können Sie sie normalerweise einfach im Boden lassen. Schneiden Sie die Stiele zurück und bedecken Sie sie mit lockerem Mulch wie Rinde oder Grünschnitt, um die Vegetationsscheibe zu schützen.
In schweren Böden und kälteren Gebieten können Sie die Knollen ausgraben, um sie im Haus zu überwintern. Lagern Sie sie eine Woche lang im Gewächshaus oder im kühlen Kellerraum, bürsten Sie dann lose Erdreste ab und wickeln Sie die Knollen in Sackleinen ein. Stellen Sie sie an einen frostfreien Ort und kontrollieren Sie sie regelmäßig, um alle Anzeichen von Fäulnis zu entfernen.

KROKUSWIESE ANLEGEN

Stechen Sie mit dem Spaten in der Wiese oder Rasenfläche eine größere Grassode ab, heben die Erdschicht mit Wurzelwerk an und verteilen die Krokusknollen mit der Spitze nach oben auf dem Erdboden. Die Sode wieder auflegen, antreten, fertig. Dies können Sie an mehreren Stellen im Garten wiederholen.

WICHTIG!

PFLANZZEIT FÜR FRÜHE BLÜHER

Denken Sie bei der Auswahl der Frühblüher an jene, die vor allen anderen blühen, wie Schneeglöckchen (bot. Galanthus nivalis), Schneeglanz oder Schneestolz (Gatt. Chionodoxa) und Lerchensporn (Gatt. Corydalis). Sie erfreuen damit Hummeln, die schon an den ersten sonnigen Tagen im Januar losbrummen, um Nahrung zu suchen. Pflanzen Sie Blumenzwiebeln, solange der Boden noch frostfrei ist. Stecken Sie die Zwiebeln für einen größeren Effekt in Gruppen und mit der Spitze nach oben. Mit den Jahren vermehren die sich mit etwas Glück ganz von allein und werden jedes Jahr mehr.

HUMMEL-GLÜCK!

TULPEN PFLANZEN

Jetzt, wo der Boden schon ausgekühlt ist, ist das Risiko einer Infektion durch Tulpenbrand reduziert. Setzen Sie die Tulpenzwiebeln in der dreifachen Tiefe ihrer eigenen Höhe mit Abständen von mindestens 10 bis 20 Zentimetern voneinander entfernt in den Boden. Günstige Standorte sind sonnige bis halbschattige Plätze mit lockeren humosen bis leicht sandigen Böden. Staunässe ist schädlich und führt dazu, dass die Zwiebeln faulen.

ZEIT FÜR TULPEN!

PFLANZENSCHUTZ

Schnecken gibt es immer noch, besonders in feuchten Verstecken, die sie gerne mögen. Entfernen Sie sie am besten konsequent von Hand.

Wollige Blattläuse, die auf Apfelbäumen auftreten, können mit einer Bürste und einer Waschlösung entfernt werden. Mischen Sie dazu einen Liter Wasser mit jeweils 15 Millilitern Spiritus und Paraffinöl oder Schmierseife. Es wird wohl nötig sein, mehrere Tage hintereinander zu sprühen.

Fruchtmumien entfernen. Alte verschrumpelte Früchte, die noch am Baum hängen, entfernen Sie jetzt und entsorgen sie im Hausmüll!

STAUDEN VERSCHONEN

Früher schnitten viele Gärtner beim ersten Frost alle ihre Stauden zurück. Heute schätzen wir ihre Rolle als Schutz- und Nahrungsquelle für Wildtiere in den harten Wintermonaten und lassen sie länger stehen. Einige Pflanzen verwelken jedoch auf unschöne Weise, sodass Sie die Stängel bis zum Boden zurückschneiden können. Achten Sie darauf, keine jungen Triebe zu beschädigen.

STEPPENIRIS TEILEN

Die Steppeniris oder auch Sibirische Iris (bot. Iris spuria) und viele andere Stauden verkahlen von innen heraus. Das sieht nicht schön aus, außerdem nehmen sie dadurch immer mehr Raum ein und blühen immer weniger. Jetzt ist die richtige Zeit, um das zu ändern. Einfach die Staude – am besten mit der Grabegabel – ausbuddeln, ohne die umliegenden Pflanzen zu beschädigen. Dann die Pflanze senkrecht zerteilen. Totes Gewebe entfernen und die Staudenteile wieder einpflanzen – fertig. Die Iris werden schon im nächsten Jahr wieder blühen!

RASEN PFLEGEN

Laub auf dem Rasen schreddern Sie bei den letzten Fahrten mit dem Rasenmäher gleich mit. Das Laub wird so zerkleinert und verrottet schneller. Außerdem bilden sich unter den nassen Laubblättern keine Stellen, die die Graspflanzen darunter schädigen.

GARTENTEICH VORBEREITEN

Neben den Maßnahmen vom Oktober (siehe Seite 173) wird der Teich jetzt winterfertig gemacht. Um Frostschäden zu vermeiden, nehmen Sie spätestens jetzt Teichfilter und Pumpen aus dem Wasser. Reinigen Sie die Geräte gründlich und lagern Sie sie an einem frostfreien Ort. Eine kleine Teichpumpe kann allerdings zur Belüftung des Wassers auch im Winter im Teich bleiben, nachdem sie überprüft oder gewartet wurde. Ein schwimmender Eisfreihalter verhindert in frostigen Perioden das Zufrieren des Teiches und sorgt für die Sauerstoffzufuhr. Installieren Sie diesen über der tiefsten Stelle des Teiches und beschweren Sie ihn mit Kies oder Sand, damit er etwas eingetaucht bleibt.

EFEU ZUM BLÜHEN BRINGEN

Blüht Efeu, macht er den Insekten im späten Herbst so richtig Freude. – seit September sollten Sie die Blüten schon sehen können. Wer sich wundert, dass sein junger Efeu nicht blüht, muss noch etwas warten, bis die Pflanze „erwachsen" wird. Das kann durchaus zehn Jahre und länger dauern. Man kann diese blühende Form, die so genannte Altersform des Efeus, auch in der Gärtnerei kaufen.

LAUBFARNE VERJÜNGEN

Laubfarne fallen bei kälterem Wetter in sich zusammen und beginnen dann, unansehnlich zu werden. Schneiden Sie alte Wedel bis zur Basis zurück, aber beschädigen Sie dabei nicht die Knospen in der Mitte der Pflanze. Durch das Beschneiden kommen vielleicht auch Schneeglöckchen und andere Blumenzwiebeln zum Vorschein, die möglicherweise darunter gepflanzt wurden. Um in rauen oder kalten Gebieten die empfindlicheren Knospen (Kronen) von Laubfarnen zu schützen, bedecken Sie sie im Winter über mit Mulch oder verwenden Sie abgestorbene Wedel als Abdeckung.

WILDEN WEIN EINKÜRZEN

Diese Kletterpflanze breitet sich schnell über große Flächen aus. Wilder Wein kann in einem Jahr je nach Sorte und Standort bis zu 3 Meter pro Saison zulegen! Ein Zuwachs von etwa einem Meter pro Jahr ist üblich. An der Hausfassade kann das genau wie beim Efeu Probleme verursachen, wenn der Wein unter Dachziegel kriecht und Dachrinnen verstopft. Schneiden Sie mit einer Heckenschere großzügig und radikal alle Triebe zurück, die über die gewünschte Wachstumsfläche hinausragen.

Gemüse wie der **Knollensellerie** soll vor dem ersten Frost geerntet werden, kann aber länger lagern. **Rotkohl** hält sich mehrere Wochen im Kühlfach.

NUTZGARTEN

SAUBOHNEN SÄEN

Saubohnen – auch Dicke Bohnen, Ackerbohnen, Favabohnen oder Vicia faba genannt – können jetzt ausgesät werden, um im Garten zu überwintern, aber einen harten Winter überstehen sie bei uns nicht. ‚Super Aquadulce' ist eine recht winterharte Sorte, die schon im Frühjahr essbare Bohnen produziert.
Säen Sie Bohnen in doppelten, versetzten Reihen mit 60 Zentimetern Abstand. Stecken Sie die Bohnen gut 5 Zentimeter tief in die Erde, im Abstand von jeweils 20 Zentimetern voneinander. Wenn die Pflanzen wachsen, stützen Sie sie mit Stöcken und Schnur ab, bevor sie zu groß werden und abknicken. Der Boden muss gut wasserdurchlässig sein, um eine Eisbildung bei nassem Winterwetter zu vermeiden. Decken Sie die Töpfe mit Vlies ab, um sie vor Mäusen zu schützen. Alternativ können Sie Bohnen auch in Töpfen säen und in einem Frühbeetkasten überwintern.

KNOLLENSELLERIE ERNTEN

Knollensellerie (bot. Apium graveolens var. rapaceum), der im Februar gesät wurde, ist jetzt erntereif. Die knorrigen weißen Kugeln schmecken ähnlich wie Steckrüben, sind aber nussiger und leicht würzig. Die Blätter können zu Suppen und Eintöpfen hinzugefügt werden. Dieses Wurzelgemüse wächst gemächlich den ganzen Sommer und Herbst über und braucht vier Monate oder länger, um auszureifen. Am besten erntet man Knollensellerie, bevor starker Frost einsetzt. Heben Sie die Wurzeln aus der Erde, entfernen Sie die Krone der Blätter und lagern Sie die Knollen ein.

MULCH VERTEILEN

Bevor es klirrend kalt wird, bedecken Sie leere Beete mit einer 2 bis 3 Zentimeter dicken Schicht Kompost, vorzugsweise selbstgemachtem.
Wenn Sie keinen haben, können Sie gut verrottete, reife Gartenerde nehmen oder fertige Komposterde zukaufen. Mulchen ernährt die Bodenmikroorganismen und fügt der Erde frische organische Substanz hinzu, wodurch die Beete für den Frühling gut vorbereitet werden.

Wer im Gewächshaus neben überwinternden **Topfpflanzen** und eingelagertem **Gemüse** noch Platz hat, kann frischen **Salat** für den Winter pflanzen.

GEWÄCHSHAUS

BLATTGEMÜSE SÄEN UND PFLANZEN

Säen oder pflanzen Sie winterharte Sorten wie Feldsalat, Spinat, Winterportulak, Rucola, Winterlattich und asiatische Blattgemüse. Auch Knoblauch und Steckzwiebeln können Sie jetzt im Gewächshaus pflanzen, um sie im Winter zu ernten oder im Frühjahr ins Freie zu setzen. Gewächshäuser – auch unbeheizte – haben den Vorteil, dass die Temperatur höher liegt und Feuchtigkeit schneller verdunstet als im Freiland. Dafür ist vor allem die Belüftung entscheidend. Hohe Luftfeuchtigkeit oder sogar Kondenswasser sind besonders schlecht für Salate und Rucola.

PFLANZENSCHUTZ

Pflanzengesundheit: Überprüfen Sie die Pflanzen, die Sie bereits zum Überwintern ins Gewächshaus und Frühbeet gestellt haben. Entfernen Sie abgestorbene Blätter, Blüten oder Anzeichen von Grauschimmel (Botrytis). Achten Sie auf ausreichenden Abstand zwischen den Pflanzen, um die Luftzirkulation zu fördern. Die meisten Pflanzen sollten eher trocken gehalten werden, damit sie im Winter ruhen.

WINTERBETRIEB VORBEREITEN

Bringen Sie spätestens jetzt von innen eine Noppenfolie oder Luftpolsterfolie an, um das Gewächshaus vor Kälte zu schützen, und überprüfen Sie die Dichtungen von Türen und Fenstern, damit es nicht eisig zieht.
Lüften Sie das Gewächshaus regelmäßig für kurze Zeit, um Kondenswasser und Staunässe zu vermeiden. An sonnigen Tagen sollten Sie die Lüftungsschlitze und/oder die Tür auch für einige Stunden öffnen, solange es im Haus warm genug bleibt.

WICHTIG!

5-MINUTEN-PROJEKTE

ÜBERWINTERNDE KÜBELPFLANZEN SCHÜTZEN

Auch winterfeste Kübelpflanzen mögen etwas Schutz für die Wurzeln. Damit der Erdballen nicht komplett durchfriert, stellen Sie den Topf jeweils in einen größeren Topf und stopfen den Zwischenraum mit Laub aus. Die Schicht isoliert schon ausreichend, um die Pflanzen gut durch den Winter zu bringen.

VOGELFUTTERSTELLEN NACHFÜLLEN

Füllen Sie Futterspender und Vogelhäuschen regelmäßig nach. Entfernen Sie verschimmeltes oder nasses Futter sofort. Reinigen Sie die Futterstellen wöchentlich mit heißem Wasser, um Krankheiten zu vermeiden. Auch die Wasserstelle sollte täglich kontrolliert und bei Frost aufgetaut werden.

KOMPOST UMSETZEN

Wenden Sie Ihren Komposthaufen noch einmal um – das bringt Sauerstoff hinein und beschleunigt die Verrottung. Mischen Sie grobes und feines Material. Den fertigen Kompost können Sie sieben und als Winterschutz um empfindliche Pflanzen herum verteilen.

OBSTBÄUME AUF SCHÄDLINGE KONTROLLIEREN

Suchen Sie die Stämme Ihrer Obstbäume nach Schädlingsnestern ab. Entfernen Sie mumifizierte Früchte und Raupennester. Kontrollieren Sie auch, ob der Stammschutz gegen Wildverbiss noch sitzt. Bei jungen Bäumen eventuell einen Weißanstrich gegen Frostrisse auftragen.

LAGERHALTUNG

Kohlrabi, Rüben, Schwarzwurzeln und Karotten können Sie in einer Ecke des Gewächshauses lagern oder auch in einer Erdmiete: In einer Grube im Boden oder einem Behälter in die Erde, der mit Sand gefüllt ist, wird das Gemüse kühl, dunkel und frostfrei gehalten.

TOPFPFLANZEN ÜBERWINTERN

Machen Sie Platz für bedingt winterharte Pflanzen wie Olive, Oleander und Feigenbaum, damit diese im unbeheizten Gewächshaus ein geschütztes Plätzchen zum Überwintern haben. Gegossen werden muss in den nächsten Monaten nur sehr sparsam.

STAUNÄSSE VERMEIDEN!

WARMHAUS VORBEREITEN

Wenn Sie empfindliche Pflanzen gut durch den Winter bringen wollen, überprüfen Sie vor dem ersten Frost Ihre Gewächshausheizung. Reinigen Sie bei elektrischen Heizungen die Lüftungsschlitze und prüfen Sie bei Gas- oder Paraffinheizungen den Brennstoffvorrat. Mit einem Thermometer überwachen Sie die Temperaturen. Überprüfen Sie die Pflanzenleuchten und die dazugehörige Zeitsteuerung. Eine Lüftungsautomatik sollten Sie auf höhere Öffnungstemperaturen programmieren.

PROJEKT DES MONATS

WINTERSCHUTZ IM GARTEN

Ab Ende Oktober steigt draußen die Gefahr von Nachtfrösten. Achten Sie auf den Wetterdienst. Der Winterschutz muss vor dem ersten Frost an den Pflanzen angebracht sein.

SO GEHT'S

Spät gepflanzte Kohlgemüse für die Ernte im zeitigen Frühjahr decken Sie mit einer doppelten oder dreifachen Lage Folie oder Gartenvlies ab. Das Vlies schützt die Pflanzen vor Kahlfrost, also bei Temperaturen unter dem Gefrierpunkt und offenem Boden ohne Schneedecke.

Kohlgemüse wie Sprossenbrokkoli und Rosenkohl, die den ganzen Winter über an frostfreien Tagen geerntet werden können, decken Sie ebenfalls mit einer Folie ab. Die spannen Sie über den Metallbögen tunnelförmig über das Beet. Bei Sonneneinstrahlung können die Pflanzen unter der Folie noch wachsen.

Viele Stauden sind weniger kälte- als nässeempfindlich. Gegen Staunässe hilft ein Zelt aus Folie, das ab Ende November über die Pflanzen gestülpt wird. Lassen Sie aber eine Seite offen.

Rosen bekommen bei Wintersonne und trockenen, kalten Winden an den Trieben leicht Frostschäden. Häufeln Sie die Rosen etwa 15 bis 20 Zentimeter hoch mit Erde oder Kompost an und bedecken Sie die Triebe mit Reisig.

Wenn Schnee auf Kübeln schmilzt und das Wasser in der Erde versickert, kann es, bei erneutem Frost, zu Staunässe und Fäulnis kommen. Decken Sie Stauden in Kübeln daher mit transparenten Platten ab, aber nicht luftdicht.

SIE BRAUCHEN

- Wintervlies für den Garten
- Robuste Plastikfolie
- Flexible Stäbe oder Metallbügel
- Nadelholzreisig
- Doppelstegplatten oder transparente Kunststoffplatten

Perfekt für:
den Schutz Ihrer nässe- und frostempfindlichen Zier- und Nutzpflanzen, die den ganzen Winter über im Freien verbleiben sollen.

Frost und Schnee haben den Garten jetzt fest im Griff. Aber auch in den **kurzen Tagen** der Vorweihnachtszeit können Sie sonnige Stunden draußen genießen.

DEZ

WAS GIBT ES JETZT ZU TUN?

ZIERGARTEN

Ramblerrosen schneiden

Lenzrosen pflegen

Nicht vergessen: Nackte Erde mulchen

Sparen mit wurzelnackten Pflanzen

Pfingstrosen setzen

Ahorn und Birke trimmen

Teichheizung installieren

NUTZGARTEN

Rosenkohl ernten

Alte Blätter vom Kohl entfernen

Beete umgraben

Pflegeschnitt bei Apfel und Birne

Abfall auf dem Komposthaufen verwerten

Unkraut entfernen

Lauch ernten

Nackten Boden mit Mulch schützen und verbessern

GEWÄCHSHAUS

Gewächshaus bei Frost heizen

Gießen und Luftfeuchtigkeit prüfen

Kräuter und Gemüse starten

Ans Licht denken

Kübelpflanzen kontrollieren

Pflanzplan anlegen

PROJEKT DES MONATS

Wurzelstecklinge zur Vermehrung

STILLE SCHÖNHEIT UND VERBORGENE AKTIVITÄT

Während draußen Frost und Schnee das Land in eine glitzernde Decke hüllen, offenbart sich die innere Architektur unseres Gartenreichs – die Struktur der Gehölze tritt klar hervor, und immergrüne Pflanzen werden zu Blickfängen. Vielleicht möchten Sie im nächsten Jahr ein neues Staudenbeet anlegen oder Ihr Gemüsesortiment erweitern?

Der Igel darf ungestört im eigenen Häuschen durchschlafen.

Dekorativ bepflanzte Schalen setzen bunte Akzente im winterlichen Garten.

Schneerosen und Christrosen strecken ihre Blüten in die Sonne.

Die winterharte Fetthenne (Sedum) schmückt sich hier mit Mützen aus frischem Schnee.

Als kluge Gärtner haben Sie sicher schon im Herbst für Winterschmuck gesorgt. Christrosen und Schneerosen beginnen jetzt ihre Blütezeit und setzen leuchtende Akzente in den sonst so ruhigen Gartenbereich. Bei den Stauden lassen Sie ruhig ganz bewusst standfeste Arten wie Fetthenne, Sonnenhut, Disteln und Gräser stehen – ihre Silhouetten wirken sehr reizvoll, wenn sie mit Raureif überzogen sind. Außerdem bieten sie wertvollen Lebensraum für überwinternde Insekten und Samen für hungrige Vögel.

Besonders dekorativ sind jetzt Gehölze mit auffälliger Rindenstruktur oder -farbe: Der rote Hartriegel leuchtet wie Feuer im Schnee, Birken zeigen ihre elegante weiße Rinde, und die Korkenzieherhasel fasziniert mit ihren gedrehten Ästen.

Jetzt können Sie die letzten frostresistenten Gemüsesorten ernten: Rosenkohl schmeckt nach dem ersten Frost noch süßer als zuvor, Grünkohl und Porree trotzen der Kälte. Radieschen und Kresse keimen auch bei niedrigen Temperaturen und bereichern die Winterküche mit frischen Vitaminen, Kresse ist aber etwas empfindlicher. Die Kräuterecke bietet auch im Winter etwas zum Ernten: An Rosmarin, Thymian und Salbei können Sie sich fast ganzjährig bedienen. Petersilie und Schnittlauch lassen sich durch Vlies oder kleine Folientunnel schützen.

Ihr Gewächshaus können Sie auch im tiefsten Winter für manche gärtnerische Aktivitäten nutzen. Hier können Sie weiterhin Wintersalate wie Feldsalat, Winterportulak und Asia-Salate anbauen.

Wühlmäuse halten keinen Winterschlaf und sind durchgehend aktiv, da sie oberirdisch weniger Nahrung finden. Wertvolle Gehölze sollten deshalb grundsätzlich mit Drahtgittern um die Wurzeln geschützt werden. Kontrollieren Sie Ihren Garten jetzt regelmäßig auf frische Gänge.

Im Garten beobachten wir die in Deutschland gebliebenen Vögel. Stellen Sie verschiedene Futterstellen auf – Meisenknödel für die kleinen Kletterkünstler, Körnerfutter für Finken und Sperlinge und Weichfutter für Rotkehlchen und Amseln. Amseln und andere Drosseln durchsuchen auch im Winter Ihr Staudenbeet nach Insekten und Würmern. Lassen Sie deshalb bewusst einige wilde Ecken in Ihrem Garten – unter Laubhaufen verschlafen auch Igel den Winter. Stören Sie sie dabei nicht.

WINTERRUHE!?

Wer sich an schönen Tagen im Winter im Freien aufhält, tut sich auch **etwas Gutes** gegen den berüchtigten Winterblues: Sonne hellt die Stimmung auf!

ZIERGARTEN

RAMBLERROSEN SCHNEIDEN

Ein Pflegeschnitt im Winter bis Frühjahr vor dem Austreiben ist ratsam, um abgestorbene oder beschädigte Triebe zu entfernen und den Rosenstrauch auszulichten. Dabei sollten vor allem zu dünne oder nach innen wachsende Triebe entfernt werden. Beim Einkürzen von Rosen schneiden Sie deshalb immer oberhalb von einem nach außen gerichteten Auge (Triebknospe) ab, um einen schönen, offenen Wuchs zu fördern.

LENZROSEN PFLEGEN

Die auch als Orientalische Nieswurz und Frühlings-Christrose (bot. Helleborus orientalis) bekannte Zierpflanze ist im Frühling einer der ersten Futterlieferanten für Insekten. Schneiden Sie jetzt die Blätter nah am Boden ab und achten Sie dabei darauf, die gerade entstehenden Blütenknospen nicht zu beschädigen. Dadurch sind die Blüten nicht nur besser zu sehen, wenn sie sich öffnen, sondern es werden auch alle Pilzflecken entfernt.

WICHTIG!

NICHT VERGESSEN: NACKTE ERDE MULCHEN

Entfernen Sie auch jetzt Unkraut und bedecken Sie die Lücken zwischen den Pflanzen zur Verbesserung der Bodenqualität mit einer zwei bis drei Zentimeter dicken Schicht gut verrottetem Mist oder selbst gemachtem Kompost. Die Würmer werden diesen mit der Zeit einziehen und den Boden fruchtbarer machen.

SPAREN MIT WURZELNACKTEN PFLANZEN

Füllen Sie jetzt für wenig Geld Ihren Garten mit Pflanzen auf, indem Sie wurzelnackte Bäume, Sträucher und Rosen bestellen. Sie sind während der Ruhezeit im Angebot, und da sie auf dem Feld ohne die Kosten durch Töpfe und Kompost angebaut werden, sind sie günstiger als Containerpflanzen. Weichen Sie die wurzelnackten Pflanzen gleich nach dem Eintreffen einige Stunden ein und pflanzen Sie sie dann aus. Wenn der Boden noch gefroren ist, legen Sie sie in einen Topf mit feuchter Komposterde, bis das Wetter besser wird.

JETZT KAUFEN!

PFINGSTROSEN SETZEN

Der späte Herbst bis frühe Winter ist die beste Zeit, um Pfingstrosen (Gatt. Paeonia) zu setzen: Sie wurzeln dann bis zum Frühjahr gut ein. Außerdem bekommt man viele Sorten jetzt auch preisgünstig als wurzelnackte Ware. Wichtig beim Einsetzen ist, dass die schlafenden Augen maximal zwei Finger breit mit Erde bedeckt werden. Senken Sie die Pfingstrosen zu tief in die Erde, blühen sie später nicht. Wählen Sie einen sonnigen bis halbschattigen Platz mit durchlässigem, nährstoffreichem Boden. Schwere, lehmige Böden sollten Sie mit Sand und Kompost auflockern. Staunässe vertragen Pfingstrosen überhaupt nicht – ihre fleischigen Wurzeln faulen dann schnell. Heben Sie ein großzügiges Pflanzloch aus und arbeiten Sie reifen Kompost und eine Handvoll Hornspäne ein. Halten Sie einen Abstand von etwa 80 Zentimertern zu anderen Pflanzen ein. Angießen nicht vergessen!

IN LETZTER MINUTE

Oleander überwintern: Ganz ohne Schutz geht es wohl nicht, aber je weniger Zeit der Oleander im Winterquartier verbringen muss, desto besser. Bis –5 °C verträgt er kurzzeitig problemlos. Auf Nummer sicher gehen Sie mit der Überwinterung im Gewächshaus (siehe November Seite 199). Wenn Sie ihn aber draußen lassen wollen, beachten Sie die Wettervorhersagen. Bei angekündigten starken Frösten oder Dauerfrost müssen Sie den Oleander reinholen, sei es in die Garage (mit Tageslicht), den Hausflur oder die Laube. Dasselbe gilt auch für andere mediterrane Kübelpflanzen wie Olive, Zitrusarten und Lorbeer.

AHORN UND BIRKE TRIMMEN

Schneiden Sie die Bäume im Dezember oder später im Winter. Im Frühjahr „bluten" sie nur stärker aus. Entfernen Sie abgestorbene Äste und nach innen wachsende, sich überkreuzende Äste. Wenn Sie die Größe Ihres Baumes beschränken möchten, gehen Sie etwas auf Abstand, um die ganze Krone zu überblicken. Dann wählen Sie einen oder zwei Stämme aus und schneiden alle davon abgehenden Äste zurück, um die gewünschte Form zu erreichen.

PFLANZENSCHUTZ

Fraßschäden vorbeugen: Kaninchen und Rehe können im Winter in Gärten eindringen und ein größeres Problem verursachen, wenn die Nahrungsressourcen in ihrem natürlichen Lebensraum knapp sind.
Ein Zaun hilft nur gegen Rehe, wenn er mindestens 2 Meter (2,4 Meter für Rothirsche) hoch ist. Gegen Kaninchen muss er 1,5 Meter hoch sein und mindestens 15 Zentimeter tief in die Erde reichen, damit sie sich nicht darunter durchgraben. Tauben haben es oft auf Kohlgewächse abgesehen. Sie entfernen das zartere Blattgrün und lassen nur die Blattadern stehen. Decken Sie Ihre Pflanzen mit einem Netz ab, um die Vögel fernzuhalten.

TEICHHEIZUNG INSTALLIEREN

Wenn Sie Tiere im Teich haben, zum Beispiel wertvolle Kois, und der Wetterdienst längere Frostperioden ankündigt, können Sie eine Teichheizung einsetzen. Diese funktioniert ähnlich wie ein Tauchsieder, braucht also einen Stromanschluss. In der Nähe des Schwimmkörpers mit dem Heizstab wird das Wasser bei Temperaturen bis -20 °C eisfrei gehalten. Moderne Modelle haben eine temperaturgesteuerte Heizleistung, die sich bei höheren Temperaturen von selbst abschaltet.

Vielen Hobbygärtnern ist gar nicht so bewusst, dass man auch im Winter im eigenen Garten Schmackhaftes **frisch für die Küche** ernten kann.

NUTZGARTEN

WICHTIG!

ROSENKOHL ERNTEN

Selbst angebauter Rosenkohl ist zu dieser Jahreszeit ein Highlight für jede Mahlzeit. Pflücken Sie die „Rosen", also die kurzen Sprosse von unten nach oben, da die unteren Triebe reifer sind. Wenn Sie nur wenig Rosenkohl ernten können, sollten Sie sich vornehmen, im nächsten Jahr die Sorte „Doric" ab April bis etwa Mitte Mai auszusäen, vorzuziehen und Mitte Juni zu pflanzen. „Doric" ist eine ertragreiche Rosenkohlsorte, die eine hohe Resistenz gegen den Fusarium-Pilz aufweist. Außerdem ist die Sorte besonders gut für den Herbst- und Winteranbau geeignet.

ALTE BLÄTTER VOM KOHL ENTFERNEN

Entfernen Sie alle vergilbten Blätter, um die Winterkohlarten in Ordnung zu halten. Die geringe Lichtmenge im Dezember bewirkt, dass selbst kältetolerante Brassicas nicht viele funktionierende grüne Blätter am Leben halten können. Wenn Sie die alten Blätter entfernen und auf dem Kompost entsorgen, nehmen Sie den Schnecken ein paar beliebte Verstecke. Außerdem können Sie die jährliche Mulchschicht von 3 bis 5 Zentimetern Kompost um die Stängel von Rosenkohl und Brokkoli verteilen, um für das Frühjahr gerüstet zu sein.

BEETE UMGRABEN

Beete umgraben ist eine schöne Gartenarbeit für klare, kalte Wintertage – es wird einem schnell warm dabei. Bei schweren Lehmböden warten Sie besser auf trockenes Wetter. Beim Umgraben wird der Boden tiefgründig gelockert. Organisches Material wie Kompost, verrotteter Mist und Gründüngung können dabei gleich mit eingearbeitet werden.

WÄRMT GUT!

PFLEGESCHNITT BEI APFEL UND BIRNE

Entfernen Sie bei schönem Wetter bei Ihren Apfel- und Birnbäumen abgestorbene und schwache Äste sowie sich kreuzende Äste. Kürzen Sie das diesjährige Wachstum an den Hauptästen um ein Drittel auf eine Knospe in der gewünschten Wuchsrichtung (nach außen weisend). Seitentriebe sollten Sie bis auf fünf oder sechs Knospen zurückschneiden. Größere Schnittflächen können Sie zum Schutz vor Infektionen mit einem Wundverschlussmittel versiegeln.

ABFALL AUF DEM KOMPOSTHAUFEN VERWERTEN

Komposthaufen bleiben den ganzen Winter über warm, wenn man viel Grünabfall produziert. Das Mischen dieser stickstoffreichen Materialien mit kohlenstoffreicheren Materialien wie Herbstlaub und zerrissenem Karton ist für die Verrottung sehr vorteilhaft; ebenso wie ein regelmäßiges Wenden, um den Kompostierungsprozess zu beschleunigen.

UNKRAUT ENTFERNEN

Bei tendenziell wärmeren Dezembern kann Unkraut auch jetzt noch erscheinen. Halten Sie Ausschau danach und hacken Sie es an einem trockenen Tag ab oder graben es mitsamt den Wurzeln aus. Das ist eine schnelle und einfache Arbeit, die Ihnen im Frühling dann zugutekommt.

WICHTIG!

LAUCH ERNTEN

Vom Herbstlauch sollten Sie jetzt die letzten Stangen einbringen. Gleichzeitig beginnt die Saison für den Winterlauch, der von Dezember bis Mai geerntet werden kann. Entweder setzen Sie ein scharfes Messer ein, um einzelne Stangen zu schneiden, ohne die anderen zu beschädigen. Oder Sie benutzen eine Grabegabel, mit der Sie den Boden um den Lauch herum etwas auflockern, bevor Sie den Porree ganz einfach aus dem Boden ziehen.

VORSICHTIG ZIEHEN!

NACKTEN BODEN MIT MULCH SCHÜTZEN UND VERBESSERN

Und wie schon im Ziergarten der Hinweis: Wenn Bereiche von Gemüse befreit werden, wird es zunehmend wichtiger, den Boden anschließend mit Laub, Stroh oder Grobkompost zu mulchen. Gerade durch die zunehmenden Wetterextreme infolge des beschleunigten Klimawandels reduziert das Abdecken der Bodenoberfläche die Schäden, die durch starke Winterregen verursacht werden. Das Mulchen trägt auch dazu bei, die Mikroorganismen im Boden zu ernähren, und steigert so seine Fruchtbarkeit im folgenden Jahr.
Vor allem bei empfindlicheren Obstgehölzen wie Feigen, Kiwi, Kaki, Aprikosen und Tafeltrauben fördert eine Schicht Mulch das Bodenleben. Außerdem dient das verrottende organische Material als isolierende Schicht und schützt vor zu starkem Frost.

Ein Gewächshaus ist in diesem Monaten ein **Refugium** für nicht winterharte Pflanzen. Gleichzeitig laufen hier die Vorbereitungen für die neue Freiluftsaison.

GEWÄCHSHAUS

GEWÄCHSHAUS BEI FROST HEIZEN

Kontrollieren Sie täglich die Temperatur im Gewächshaus. Bei Dauerfrost unter −5 °C im Freien sollten Sie eine frostsichere Heizung einsetzen. Stellen Sie Kerzen oder spezielle Gewächshausheizer auf. Auch mit Wasser gefüllte schwarze Kanister speichern an sonnigen Tagen tagsüber Wärme und geben sie nachts ab.

GIEẞEN UND LUFTFEUCHTIGKEIT PRÜFEN

Das Motto im Gewächshaus heißt in den kalten Wintermonaten: Lieber etwas zu wenig als zu viel gießen, da die Pflanzen im Winter weniger Wasser benötigen. Achten Sie auf eine ausgewogene Luftfeuchtigkeit und vermeiden Sie Staunässe. An milden, sonnigen Tagen können Sie kurz durchlüften, um eine Schimmelbildung zu vermeiden.

KRÄUTER UND GEMÜSE STARTEN

Aromatischer Bärlauch (bot. Allium ursinum) ist ein Kaltkeimer und kann im Winter im Gewächshaus gepflanzt werden, wo er sogar von den tiefen Temperaturen profitiert. Geeignet zur Aussaat sind weiterhin auch Feldsalat, Gartenkresse, Winterportulak und winterharte Spinatsorten.

ANS LICHT DENKEN

Nach einem kräftigen Schneefall fegen Sie die Schneedecke vom Dach, um wieder möglichst viel Tageslicht hereinzulassen.

SCHNELL REAGIEREN!

KÜBELPFLANZEN KONTROLLIEREN

Kübelpflanzen, die im Gewächshaus überwintert werden, müssen nach Bedarf ab und zu gegossen werden. Dabei kontrollieren Sie auch gleich auf Schädlingsbefall und Krankheiten, damit Sie frühzeitig Gegenmaßnahmen ergreifen können. Blattläuse, Spinnmilben und Weiße Fliegen können sich auch im Winter vermehren. Welke Blätter und abgestorbene Triebe werden schnell entfernt.

IN LETZTER MINUTE

Gewächshaus isolieren: Im Kaltgewächshaus prüfen Sie, ob die Dichtungen in Ordnung sind und alle Fenster und Türen gut schließen. Die Isolierung ist für das Gewächshaus im Winter wesentlich, um eisige Zugluft zu vermeiden. Dafür können Sie an den Glasflächen Noppenfolie und auf dem Boden, zum Beispiel unter den Töpfen, Styroporplatten verwenden.

PFLANZPLAN ANLEGEN

Überlegen Sie sich, was in der abgelaufenen Saison gut gegangen ist und was nicht wachsen wollte. Kennen Sie die Ursachen? Dann machen Sie einen Pflanz- und Belegungsplan für das nächste Jahr im Gewächshaus.

5-MINUTEN-PROJEKTE

SCHNEE VON DEN IMMERGRÜNEN SCHÜTTELN

Schütteln Sie nach Schneefällen vorsichtig den Schnee von Koniferen, Rhododendron und anderen immergrünen Sträuchern. Das schwere Schneegewicht kann sonst Äste brechen lassen. Verwenden Sie einen Besen oder klopfen Sie sanft mit einem Stock gegen die Zweige.

FROSTSCHUTZ KONTROLLIEREN UND ERGÄNZEN

Prüfen Sie den Winterschutz Ihrer Pflanzen nach Stürmen oder starkem Frost. Ist eine Vliesabdeckung verrutscht? Liegt genug Mulch um die Rosenstöcke? Ergänzen Sie bei Bedarf Tannenreisig oder Laub. Auch die Umhüllung von Kübelpflanzen sollten Sie kontrollieren.

SAATGUT FÜR NÄCHSTES JAHR SORTIEREN

Sortieren Sie Ihr Saatgut und prüfen Sie die Haltbarkeitsdaten. Alte Samen können Sie im Januar auf Keimfähigkeit testen. Erstellen Sie eine Liste, welche Sorten Sie nachkaufen müssen. Lagern Sie das Saatgut kühl und trocken in verschließbaren Behältern.

VOGELFUTTER UND WASSERSTELLEN BETREUEN

Sorgen Sie täglich für ausreichend Vogelfutter und taufreies Wasser. Bei starkem Frost das Wasser mehrmals täglich wechseln oder einen Eisfreihalter verwenden. Streuen Sie auch etwas Futter auf den Boden für Rotkehlchen und Amseln, die nicht gerne am Häuschen fressen.

PROJEKT DES MONATS

WURZELSTECKLINGE ZUR VERMEHRUNG

Mit Wurzelstecklingen oder -schnittlingen lassen sich viele Stauden genetisch identisch vervielfachen, meist sogar einfacher als mit der Aussaat von Samen. Auch zahlreiche Bäume und Sträucher lassen sich mit dieser Technik vermehren.

SIE BRAUCHEN

- **Sauberes, scharfes Messer**
- **Schneidebrett**
- **Anzuchterde**
- **Schalen oder kleine Töpfe**
- **Pikierstab**
- **Grit, feinen Kies oder Vermiculit**
- **Feine Brause**
- **Etiketten**

Perfekt für:
Stauden wie Orientalischer Mohn, Bärenklau, Kugeldistel und Japan-Anemone, Gehölze wie Essigbaum und Zierquitte.

SO GEHT'S

Ab Ende Oktober bis Anfang März ist die beste Zeit, um Pflanzen durch Wurzelschnittlinge zu vermehren.

Unser Tipp: Sehr feine Wurzeln wie die von Primeln werden statt in Töpfe besser in flache Anzuchtschalen gelegt. Schneiden Sie die Teilstücke länger als beim Eintopfen (8–10 cm sind ideal) und legen Sie die Wurzeln nur auf die Erdoberfläche. Mit feinem Grit, grobem Sand oder Vermiculit bedecken, nicht mit Erde.

1 Bei allen anderen Pflanzen schneiden Sie mit einem scharfen Messer von einer getopften oder frisch ausgegrabenen Pflanze ein dickes, festes Wurzelstück ab, das keine Symptome von Krankheiten oder Schädlingsbefall zeigt. Entfernen Sie nicht mehr als die Hälfte der Wurzeln der Mutterpflanze.

2 Nachdem Sie die feinen Seitenwurzeln entfernt haben, schneiden Sie lange Wurzeln in 5–8 cm lange Teilstücke. Damit Sie beim Stecken wissen, welches Ende oben und welches unten ist, markieren Sie das jeweils untere durch einen sichtbar schrägen Schnitt.

3 Bereiten Sie zügig alle Wurzelstecklinge vor, damit sie nicht austrocknen. Jedes Stück besteht aus einem dicken Wurzelteil, das obere Ende ist gerade, das untere schräg eingeschnitten. Jetzt können Sie mit dem Stecken beginnen.

4 Füllen Sie kleine Töpfe oder eine Aussaatschale mit Anzuchterde und stecken Sie die Wurzelstücke vollständig in die Erde. Für feinere Wurzeln sollten Sie mit dem Pikierstab oder einem Finger ein Loch vorbohren.

5 Die Gefäße mit Grit, Kies oder Vermiculit abdecken und danach angießen. Zum Schluss Etiketten beschriften und einstecken.

REGISTER

T

U/ V

W

Z

Stiftung Warentest

Die Stiftung Warentest wurde 1964 auf Beschluss des Deutschen Bundestages gegründet, um Verbraucherinnen und Verbrauchern durch vergleichende Tests von Waren und Dienstleistungen unabhängige und objektive Unterstützung zu bieten.

Stiftung Warentest
Lützowplatz 11–13, 10785 Berlin
www.test.de
email@stiftung-warentest.de
USt-IdNr.: DE136725570

Vorständin: Julia Bönisch

Programmleitung: Niclas Dewitz
Projektleitung: Alexandra Germann
Autor: Uwe Meilahn
Bildredaktion: Hannah Crawford
Lektorat, Korrektorat: Ilona Jaeger
Titelentwurf: Daniela Greven
Design: Christian Königsmann
Grafik, Satz: Andrea Schulz,
FÖRM – Büro für Gestaltung

Bildnachweis Umschlag: U1: AdobeStock, N.A.Planken-Kooij, KOSTIC DUSAN_VUK, Janina_PLD, U4: AdobeStock, cycreation, Klappe vorne: AdobeStock: Joachim Berninger, NEX-C3 Ver.01, version 2.2, sunday_morning, alenalihacheva, EROFEEVA NATALYA, Krzysztof Bubel, photogam; Patra Kovitvaich, Ver.1.01, skorpionik00, PaintShop Pro 18,00, MNStudio Daria Garnik, Stefanie, BC Tofield, Klappe hinten: AdobeStock: vaitekune, helenedevun, DramaSan, dmytro_khlystun, Kathleen Bergmann, Caterina_Pak, Bryan Pollard, Lubomir Tryhubyshyn, Martin Schlecht, svetlanafoto, beerfan, alisseja, David RoCa, beerfan, Elisabeth Schittenhelm, Natallia, Sagar Simkhada, Riccardo Bordese, U1 innen und U4 innen siehe „Icons“

Bildnachweis Innenteil:
Fotos: AdobeStock: _KUBE_ (101–2), (60–2), Adam (212–2), Africa Studio (175–1), AleMasche72 (83–1), Aleksandr Volkov (28–2) , Alex (47–1), AlexanderDenisenko (65–1), Alexandra (172–1), alicja neumiler (158), Alusha (122–2), Anastasiia Malinich (215–1), Andreas (101–1), aneriksson (191–2), AnnaReinert (115), Anna Ritter (63–2), bilderhexchen (140–2), Bohdan Petrushko (92–2), Carmina (214), (60–1), Chaaim (143–1), creativenature.nl (15–3), dabjola (53–2), Dainis (103), dazarter (195–1), Dmitry (89–1), dreamnikon (136–2), dule964 (31–1), Ekaterina (140–3), emilio100 (25–1), emuck (157–1), Erni (186–2), evannovostro (192–4), evbrbe (29–1), firefly (63–1), Flower_Garden (190–2, 218), FRAGMENTSOFHOKKAIDO (42–3), goldi59 (193–1), golubka57 (33), (42–1, 106–2), hapiland (129–1), Harald Biebel (47–2), hcast (75–2, 159–2), homydesign (83–2), IamShoot Photography (6–3), ifiStudio (117–1), Ina (164), Ingo Bartussek (129–2), ironstuffy (13–2), irottlaender (92–1), Jade (119–3), Jorge Toro (36–2), Joylyn McChesnie (165–2), Judith (45–2), Julia (165–1), Jürgen Kottmann (93–2), Karin Jähne (207–1), kazakovmaksim (49–2), knipseria (132–2), kolesnikovserg (37–2), ksena32 (28–1,64–4), Kseniya Abramova (65–2), kuinakuina (204–3), Kung37 (154–3), Laura Primo (199–2), Leka (17–1), leungchopan (163–3), LianeM (124–2), LIMARIO (93–3), m_________k____ (109–2), Maks Narodenk (105–1), ManuelTrinidad (71–3), Marek Gottschalk (121–1), marijonas (25–2), Martina (128), Maryana (66–1), Maryna Konoplytska (75–1), masaandsaya (209–2), mates (105–2), maxsol7 (51–1), MNStudio (3–2, 58, 72), Mushy (45–1), Nadzeya Pakhomava (215–2), natalia-zakharova (109–1), Nataliia (199–3), Nik (30), Oleg Kovtun (6–1), Olga (62, 190–1), ottochka (75–3), Paulina (114–2, 133), Pellinni (61), Peter (213–2), Petr Bonek (10–1), Petra Schueller (69–1), photka (161–2), piyaset (207–2), Picture Partners (211–1), Pink Badger (13–1), PLANET SEVEN (99–1), promesaartstudio (43), PurMoon (179–1), orestligetka (75–5), Richard Griffin (26–2, 172–2), saratm (11–2), SkyLine (141–2), Sophon_Nawit (154–2), Sven Knie (75–6), Svetlaya (161–1), svrid79 (153–1), Tamara Kulikova (171–1), tanchess (122–1), TanyaJoy (165–3), thewet (144–4), Timmary (197–1), tom (124–1), Tomasz (93–1), UlrikeA-dam (9–1), Unkas Photo (81–1), uwimages (55–1), vaitekune (71–1, 180–2), Valerii Honcharuk (96–1), Vera Kuttelvaserova (85–1), Veta (87), Viesturs Kalvans (15–2), vitals (176–2), V. J. Matthew (205), vvoe (114–1), west (52–2), Wiski (73–1), Yury Kisialiou (100–4), yvonne (150–2), xamtiw (139–1; ; Flora Press: Alexandre Petzold (144–3), Annette Lepple (127–2), Bildagentur Beck (46–1, 208), Biosphoto (82–2, 119–2, 138, 143–2, 216–3), Bodo Butz (108), Christine Ann Föll (188), Daniela Kunze (104, 123–2), Derek St. Romaine (159–1), Evi Pelzer (10–1, 12, 29–3, 44), FLPA Images of Nature (175–2), Frédéric Tournay (186–3), Garten Fräulein (204–1), Gudrun Peschel (90–3), Helga Noack (99–2), House of Pictures / Minna Mercke Schmidt (216–4), Ingrid Gorr (192–1, 192–2), Jane Sebire (132–3), Marie O'Hara (155–1), Mariusz Purta (7), Michelle Garrett (150–3), Nathalie Pasquel (143–3), Neil Sutherland (11–1), Otmar Diez (144–2, 199–1), Royal Horticultural Society (39–1, 39–2, 39–3, 39–4, 56, 57–1, 57–2, 57–3, 57–4, 89–2, 135–1, 200, 201–1, 201–2, 201–3), Sibylle Pietrek (54, 137–2), Sonja Bannick (132–1), Ute Klaphake (142), Virginie Quéant (139–2), Visions Pictures (153–2, 212–1), The Garden Collection/Modeste Herwig (219–1, 219–2, 219–3, 219–4), Ulrike Schmidt (3–1, 40); Friedrich Strauss (2–3, 3–4, 3–5, 3–6, 8, 15–1, 16, 23, 26–1, 27–1, 27–2, 32–2, 34, 36–1, 50, 51–2, 52–1, 53–1, 64–1, 64–2, 64–3, 76, 78–1, 80, 82–1, 84, 88, 90–1, 90–2, 98, 100–1, 100–2, 100–3, 106–1, 107, 117–2, 118–1, 118–2, 119–1, 120, 121–2, 123–1, 130, 135–2, 140–1, 144–1, 154–1, 157–2, 160, 163–1, 168–2, 169, 170, 171–2, 174, 176–1, 180–1, 181–2, 184, 186–1, 193–2, 194, 196, 202, 204–2, 206, 210, 216–1, 216–2): Anna Örnberg (134, 178), Brigitte Niemela (116), Clive Nichols Photography (2–4, 2–5, 94, 148, 152), Green Solutions (91–4, 129–4), Image Professionals (2–1, 4), Dr. Karen Meyer-Rebentisch (2–6,136–1, 166), Martin Staffler, (3–3, 49–1, 112, 192–3), NouN (105–3, 126), StockFood / Peter Raider (129–3), Thomas Grundner (2–2, 20), Visions Pictures (42–2); Getty Images: 500px Plus (73–2), DEV IMAGES (127–1), ImaZinS RF (66–2), Jackie Bale (63–3), Jacky Parker (6–2), LockieCurrie (70–2), Lucy Lambriex (11–3), the_burtons 2023 (68), Toni Jardon (38), WC.GI (70–1); Shutterstock: Andrea Izzotti (22–1); Uwe Meilahn (75–4);
Foto-Lizenzen von Which? Gardening: (85–2, 155–2, 163–2, 168–1, 209–1); Bob Purnell (182–1, 182–2, 182–3, 183–1, 183–2, 183–3, 183–4; Mark Winwood (17–2, 24, 32–1, 35, 37–1, 46–2, 60–3, 71–2, 78–2, 79, 81–2, 91–1, 91–2, 91–3, 96–3, 137–1, 141–1, 150–1, 151, 156, 173, 181–1, 181–3, 187, 189, 191–1, 195–2, 197–2, 211–2, 213–1); Mark Winwood/Sarah Cuttle (9–2, 22–2, 29–2); Sarah Cuttle (96–2, 97);Jason Ingram (111–1, 111–2, 111–3, 111–4, 111–5, 111–6, 111–7, 146, 147–1, 147–2, 147–3);
Icons: Christian Königsmann außer die folgenden: AdobeStock: Abstractor (177–4,198–2), Ayub Irawan (86–3), Barudak Lier (102–2, U1 innen März), Catur (14–4), GX ROHIMA (145–2), Habiba Anika (102–4), kavya (177–1), Konkapp (14–3, U1 innen Nov., U4 innen 3), Iuliia (125–4, U4 innen 2), Marzina Begum (125–3), Mostsuchona (177–3), Muhamad (14–2, 198–4, 217–1), nadiinko (86–2, 102–1, 145–1), Nara (86–1), Roman (102–3), Suro (145–3), syoko (48–4)
Illustrationen: Ingo Neumann
(18, 19, 31–2, 55–2, 69–2)
Litho: Markus Drangsal, Berlin; tiff.any, Berlin
Herstellung: Rita Brosius (Ltg.),
Romy Alig, Susanne Beeh
Druck: Firmengruppe APPL, aprinta druck, Wemding

Bei Fragen zur Sicherheit dieses Produkts wenden Sie sich bitte an: gpsr@stiftung-warentest.de
ISBN: 978-3-7471-1027-0